后浪出版公司

[日] 爱烘焙的伦酱 _ 著　Kirara _ 译

面包教室开课了!

U0340300

中国华侨出版社

北京

大家好

我的一天从早上5点开始。首先是准备当天中午的便当，

将前一天已经准备好的原料制成新鲜面包，然后带狗狗莱纳斯散步。

到了晚上，我会一边做晚饭一边准备好第二天做面包的原料。

别看我现在能这样日复一日不厌其烦地烤面包，

其实从第一次接触面包机到现在，一直是我一个人自学烘焙，

从来没有去过烘焙教室。

我也有过无数次让人忍不住大叫"我的天啊！"的失败。

即便如此，我还是对烤面包情有独钟。

不同的面粉或整形方式会做出不同的面包，

不同的天气和温度下烤出的面包也会不一样，就好像在做实验一样乐趣无穷。

每一次重烤面包都会有新的发现，正是这点点滴滴让我始终满怀热情。

本书收录了一系列我非常喜爱并日常反复制作的面包，

从佐餐面包到硬面包应有尽有。

还有不少我从实践中发现的要点和操作的小窍门，

读者们不妨仔细阅读，并亲身实践一下吧！

希望本书能对烘焙爱好者们有所帮助，

这就是我无上的荣幸！

爱烘焙的伦酱

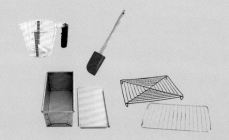

本书的正确使用方法

初学者请从第6页开始阅读。从面粉、原料、工具，到面包制作的流程都有详细的介绍。本书的前半部分介绍相对容易上手的面包，后半部分则介绍中等难度的面包。初学者可以先从佐餐面包、甜面包开始挑战，等熟练了之后再尝试挑战吐司面包和硬面包。

如何进步

做面包最重要的是做得开心。还要把握好自己当前的水平，集中练习想要精进的某一种面包，这样才能快速进步。反复制作同一份食谱能够找出失败的关键，领悟到要点。我自己也是这么做的。想要进步的时候就要实行"○○修行"大法，反复练习。

比起外观口味更重要！

在热衷烘焙的过程中，会逐渐变得对外观特别挑剔。但是我认为味道才是最重要的，外观会自然而然地越做越好。不规整的外观也是自家烘焙面包的一大特色，还是先好好品尝新鲜出炉的美味吧！只要多做几次，外观自然会变得好看的。

用面包机也能做出好面包

我自己就是从面包机开始入门的。现在也还会在手揉之余使用面包机。我会根据不同的面包选择不同的功能，有时候只用揉面功能，有时候用到第一次发酵。在时间紧张的时候面包机尤其方便。本书中也列出了使用面包机的制作方法，可以一同参考。

advice ☆

Contents

※配方中的原料和制作方法中所使用的计量为 :1茶匙=5ml。
※我使用的微波炉为500W。如果是600W的机器则将使用时间调整为书中时间的0.8倍, 其他情况也请做出相应调整。

开始前必须要知道的基本知识

做面包的第一步是找齐原料和工具。我会推荐一些好用的产品，同时也介绍一些
非必要但有助于做面包的物品。这样读者在采购的时候可以有所参考。

小麦粉 的种类有很多
了解它们各自的特点并根据自身需要选用

根据蛋白质的含量，可以将小麦粉分为几种不同的
类型。做面包时主要用到的是蛋白质含量高的高筋
面粉（强力粉）。和大米一样，面粉也有不同的品牌
和类型，即使采用一样的方法制作，不同的面粉也
会产生不同的口味，制作过程中的操作手感也不同，
这也是烘焙的一大乐趣。国产面粉的特点是口感筋
道，外国进口面粉则口感松软，不妨都尝试一下。

特高筋面粉（最强力粉）

常见特高筋面粉的蛋白质含量约为
13.5%~15%，膨胀起来非常惊人！有些
品牌会为了帮助面包在烤制过程中膨胀
而加入添加剂，因此适合用来做松软的
吐司面包。读者可以考虑金帆（Golden
Yacht）这个品牌。

高筋面粉（强力粉）

做面包主要用到的就是高筋面粉，可以分
成国产和外国进口两种。因为我喜欢筋道
的口感，主要使用国产面粉。我最喜欢的
是"春丰混合"和"梦力混合"这两款，
做百吉圈则推荐使用专用的"绿卷"。

准高筋粉（准强力粉）

通常用来做法式长棍或者硬面包。蛋白质
含量在10%~11.5%左右，和高筋面粉混
合后烤出的面包特别松脆。我使用的是
"梅森凯瑟传统型（Maison Kayser
traditional）"这一款，有时也会用普通的
"Risidore"。

低筋面粉（薄力粉）

如果想要做出松软的口感，可以将它和高筋粉混合使用。我平时爱用做糕点的"超级紫罗兰（Super Violet）"，也可以直接用手头有的普通低筋面粉。

黑麦粉

虽然和高筋面粉一样富含蛋白质，但是无法生成面筋，因此不会膨胀。口感厚重还有一点点黏，带一些让人上瘾的酸味。

全麦粉

使用整粒小麦制成，因此富含矿物质。口味和口感独特，喜欢与否因人而异。不过总体而言口味简简单单，富有香味，喜欢它的口味的人务必要选用粗粒的！

国产和外国进口小麦粉的区别…

我常使用国产面粉，相对而言比较不容易吸水，因此使用的水量比外国进口面粉要少一些。反过来，如果用的是外国进口面粉则需要增加一些水分。如果不知道是哪一种，可以观察外包装，如果没有写国产，基本可以认为是外国进口面粉。

做面包绝对少不了的

酵母

面包正是依靠酵母粉中的酵母菌而膨胀起来的。本书中使用的是便捷的即发干酵母。在超市就能买到，也不需要提前发酵。但是如果加的过多会有酵母的怪味。称重时需要精确到0.1g。

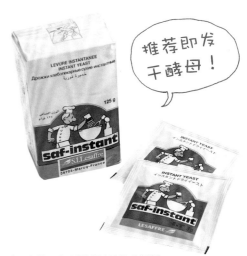

推荐即发干酵母！

我一直使用法国乐斯福出品的"燕牌"红标酵母。酵母的怪味较弱，烤制时的表现很稳定，非常推荐。开封后放在瓶子里再放入冰箱冷藏（长期不用的时候须要冷冻）保存。如果只是偶尔使用，可以买独立小包装。

制作面团要用的
主要 原料 都在这儿了

面包的基本原料有小麦粉、酵母、盐和液体，
也可以加入油脂、糖、鸡蛋或乳制品，
它们会让面包有更多不同的口味和口感。
这些都是超市里能轻松买到，或是平时家中常备的原料，
不用另外花心思采购。在这一部分，我将本书中用到的
主要材料都罗列了出来，读者们走马观花地浏览一下就可以了。

无盐黄油

黄油要选用不含盐的。黄油具有丰富
面包口味、增加其光泽和延展性、锁
住水分的作用。

盐

起到辅助酵母、紧致面团的效果。推
荐使用口味更丰富的粗盐。我用的是
法国的天然粗盐（Guérande）。

白砂糖（糖类）

我喜欢用甜味温和的黄糖。如果希望
做出的成品白净可以使用白砂糖。如
果希望口味有层次可以使用红糖（粉
状）或者蜂蜜。

脱脂奶粉

和牛奶一样起到增添香味和风味的作
用，成品的颜色也会更好看。粉末状
具有保质期更长且方便储存的优点。
富含钙质和蛋白质。

牛奶

在混合粉末时一般会加入水或者牛奶
之类的液体。使用牛奶能使成品的颜
色更好看、香味和风味更佳，面包会
带有柔和的甜味。

酸奶

和水或者牛奶等"溶剂"起到同样的
作用。只要是原味的都可以用。为面
包带来些许酸味，和黑麦或者葡萄干
搭配的效果极好。

鸡蛋

在面团中加入鸡蛋能使面包的质地更
细腻蓬松。将打散的鸡蛋液涂在表面
进行烤制还能使面包呈现出诱人的
褐色。

水

"溶剂"的代表之一。水分的多少会影
响面包的口感。矿泉水等硬水会使面
包过于紧致，因此建议使用自来水或
纯净水。

让口味更多元的几种材料

麦芽粉

小麦芽磨成的粉末。放入糖分
较少的法式长棍或是百吉圈能
使颜色更诱人、烤成后外形更
丰满。非必要。

糖蜜

由甘蔗制成的糖蜜，带有类似
黑糖的醇香。烤百吉圈时如果
想要做出诱人的光泽绝对少不
了它。

让口味和口感更丰富的
各种食材

要使面包的种类更丰富，起到关键作用的就是里面包裹的
食材（馅料）或是混合在面团中增加风味或颜色的粉末。
虽然超市里也能买到，但是烘焙材料店里的产品更适合烤面包，
用起来更加顺手。我一般在"Cotta"烘焙网店购买材料，
每次都忍不住买好多东西回来尝试。

奶油奶酪

不同品牌的奶油奶酪在口味和使用感
受方面会有所不同，需要自己寻找适
合自己的品牌。我使用的是四叶牌的
产品。

巧克力豆

有奶油巧克力、白巧克力，还有草莓
或焦糖等多种口味。烘焙专用的巧克
力豆不容易融化，烤完后依然能保持
完整的外形。

坚果

在面包中加入杏仁或核桃能使口感更
上一层楼！事先稍微炒一下就更好了。
如果加得太多会影响面包的蓬松感，
因此要注意用量。

粉末

像可可粉那样，能丰富面包的口味并
增加颜色，把面包做成紫色或者绿色，
特别有趣！其中可可粉还属法芙娜
(Valrhona) 家的上色效果和口味最好。

蜜豆

如果想做微甜的和风面包，可以用甜
豆（甘纳豆）或是蜜豆作馅料。直接
混合进面团中烤制则能改善口感，让
面包更有嚼劲。

干果

葡萄干、无花果干等干果甜味自然、
使用方便。临使用前用热水浸泡即可。
平时为了保持干燥可以放入冰箱冷
藏。

杂粮

适合做口感丰富营养健康的面包。好
侍食品的"方便香五谷"能直接混合
在面团里，非常方便。

豆沙

用来制作豆沙面包等甜面包。烘焙商
店里除了常见的红豆沙还有樱花豆
沙、梅子豆沙，可以根据自己的偏好
选用。

干果还能用朗姆酒腌渍

只需要将葡萄干、无花果
干等干果浸泡进朗姆酒里
就可以了。我已经连续做
了5年了。外面卖的都特
别贵，还是自己做的用起
来不心疼。

9

介绍一下做面包的必要 工具

根据面包的不同，使用的工具也不一样，因此不用一开始就买齐所有的东西，也不需要买特别贵的东西。十元商店的东西一样好用。

称量

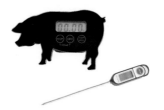

电子秤

做面包首先要称重。缺什么也不能缺少秤! 最好是能精确到0.1g的电子秤。

量杯·量勺

烘焙用或通用的都可以。如果想做硬面包，最好能有1/8茶匙的量勺，方便称量减少后的酵母用量。

计时器·温度计

计时器用于中间醒发阶段。温度计用来测量水温。我自己是直接凭感觉估计水温，但是不熟练的读者还是先用温度计更好。

混合发酵

碗

便于揉面的碗的尺寸为直径21cm×高度9cm，用来称原料的玻璃碗直径为7~10cm。不锈钢碗会导热，因此还是尽量避免使用。

各种器具

打蛋器·刮刀

主要在混合材料的时候使用。我只在混合粉状材料的时候用到打蛋器，因此大可不必购买太贵的款式。刮刀应该选择烘焙专用的款式。

刷子

用于涂抹蛋液。使用过后要用水仔细洗干净。选购时注意挑选不易脱毛的产品。

面粉筛

用于在烤制前撒上高筋面粉。10元左右的商品就可以了。滤网比较细的产品效果更好。

切面刀

刮板也可以。利用直线部分切开面团。圆弧的部分可以用来刮粘在碗里的残留物。

割纹刀·小刀

为面团划割纹时的必需品。割纹刀比较难用，用10元左右的安全剃刀或是水果刀也完全可以，只要刀锋锐利就行。

厨房剪

用来为面团划比较深的割纹。10元左右的便宜货也没问题。作为烘焙专用，也就不用担心沾上其他东西的气味了。

擀面杖

用于擀开面团。使用塑料制且表面有凹凸浮点的"排气用擀面杖"最为便利。一边擀面一边就能自然排气。

硅胶垫

在面团醒发、揉面等作业过程中使用专用垫比直接用砧板更方便。为了避免左右滑动，可以在下面垫上便宜的防滑垫。

帆布垫

用来避免整形好的面团走形或是表面干燥，在烤法式长棍的时候也会用到。也可以用比较厚的帆布来代替。

保鲜膜·毛巾

在面团醒发阶段使用。毛巾不要太厚，选用干净的。烤山型吐司时还要准备锡纸，防止烤焦。

烤箱油布

将整形好的面团放入烤盘时垫在下面。也有一次性的油纸，不过我还是选用可以反复清洗的环保油布。

饼干晾架

刚烤好的面包温度很高，为了让蒸汽能从下方排走，应该放在网架上。也可以用烧烤网架代替。

无边烤盘·铜制烤盘

适合对烘焙更加讲究的人。无边烤盘比起平时自带的烤盘更能合理利用空间，铜制烤盘则能自下提供温度，使烤出的成品更饱满。

吐司模具

有正方形的和长方形的。本书中使用的是铝合金制、1斤分量的模具。在烤前喷上一些油能帮助脱模。

硅胶模具

有各种不同的形状，而且脱模方便。硅胶模具最大的好处就是初学者也不会失败。不妨用它们来试着做甜面包吧。

天使蛋糕模具

做封面上那样的手撕面包或是环形面包时使用的就是这种模具。直径约为18cm，含氟树脂的产品用起来很便捷。

先来了解一下做面包的基本流程吧

不论是哪种面包，制作过程都是大体相似的。
都需要揉面、发酵、整形然后再次发酵。好好注意每一个要点就能掌握做面包的诀窍。

称量原料

面包食谱都需要针对面包的膨胀程度和口感精确计算原料的分量，因此不能像平时做菜时那样凭感觉，必须要精确地称量原料。也不可以因为缺少材料就省略或改动。刚开始的时候还是应该严格按照食谱制作，等熟练了之后再根据需要改良。

使用称量工具！

混合干湿原料

混合干湿原料

干的粉末状原料只要简单混合就可以了。然后再加入液体原料。揉面方式、面粉种类，甚至于气温和湿度都可能影响面粉的吸水率，因此不要一下子就把液体倒进去，而是应该留出至少5g左右用于微调，根据面团的情况决定要不要加，这样就能顺利完成制作。

揉出面筋来

揉面

让面包膨胀的最重要的步骤就是揉面。不断的延展和敲打能刺激面团，促进面筋的形成，赋予面团黏性和弹力。这里的窍门就是利用自己的体重给面团施加足够的力。我以面包机做的面团为样本，尽量揉出效果接近的面团。

第一次发酵

膨胀到2倍

将完成后的面团放到温暖的地方等它膨胀到原来的2倍大小。等待时间通常在30~50分钟，实际情况会根据当日的气温等外部条件有所不同，比起时间更应该靠外观进行判断，同时利用手指测试（P16）进行确认。夏天容易发酵过度，务必要特别留意。

最后放入酵母粉

盐如果直接接触到酵母粉，就会夺走母粉中的水分从而降低酵母的活性。将盐和面粉先进行混合，避免直接接触酵母粉。

需要注意液体的温度

将面团的温度保持在酵母容易发酵的30度左右为最佳。因此要根据季节对液体原料的温度进行调节（参考P14）。使用温度计测量，如果微波炉有液体温度设定功能的话也可以使用。

所谓温暖的地方……

指的是人体适宜的25~30℃。也就是大多数时候的室温。但是像窗边、暖炉边这样温度不均匀的地方容易造成面团发酵不均匀，应该尽量避开这样的地方。

一定要称好分量再进行分割

像切片面包和手撕面包这样，要分成很多个同样大小的面团再发酵，用整体的重量除以要分成的个数，就能知道每一个面团的重量。

分割·中间醒发

发酵完成后，将面团分成几份。这时候如果直接整形会造成气体外溢，面包也会缩塌或形成褶子。因此在分割后要给予面团一定的休息时间（中间醒发）。时间大约为10分钟。为了避免面团干燥，要在上面敷上湿润的毛巾。

果断切开

温柔地对待它

整形

醒发过后的面团会微微有所发酵，用手或擀面杖轻轻拍排气后揉成球形。如果整形时感到面团很难操作，可以撒上少量面粉。如果撒上面粉还是不好操作，很可能是揉面不到位、发酵不足或发酵过度，请重新回顾之前的步骤。

第二次发酵

整形完成之后就将进入第二次发酵。要等面团再次膨胀到1.5~2倍大小，因此放在烤盘上的时候记得留出空间。对于牛奶哈斯、法式长棍之类割纹很重的面包，第二次发酵时间稍微短一些，烤出的效果更好。

膨胀到 1.5~2 倍

了解自己的烤箱

烤制

电烤箱的温度达不到天然气烤箱那么高，因此在烤前要充分预热。确保烤箱内的温度均匀，这样才能烤出成色均匀色泽好看的面包。不同的烤箱烤出的成色不同，因此要慢慢了解自己的烤箱，掌握其规律。

避免烤制不均匀

如果面包的上方容易烤焦，可以在烤制途中覆上锡纸，如果侧面不容易上色，可以中途转一下烤盘。根据自己的情况寻找对策吧。

试试做最简单的 小圆包

小圆包虽然很简单，但是面团发酵得好不好一目了然。
非常适合用来熟悉基本流程。我会介绍一些自己摸索出的揉面的手法
以及判断发酵是否到位的小诀窍，欢迎大家参考！

原料（可做8个）

A 高筋面粉……200g
　白砂糖……15g
　盐……3g

速效干酵母……2/3茶匙（2g）

牛奶……145g
　（如果使用国外进口高筋面粉则
　　调整用量为155g）

无盐黄油……20g

准备工作

● 根据不同的季节调整液体原料（这里为牛奶）的温度（夏天为20~25℃，冬天为35℃，春秋为30℃左右）。

● 将黄油放在室温环境下，等它软化到用手触摸能留下指纹。

基本的圆面包

简简单单带有一丝甜味的牛奶面包其配方是最简单的，
也可以作为佐餐面包或是甜面包的外皮。
如果要直接食用，可以抹上自己喜欢的面包酱享用♪

制作方法　通过这个配方来掌握基本的揉面手法吧！

[混合]

盐如果直接和酵母接触会影响发酵的效果，因此要先把盐拌进面粉里。

1. 将 A 中的原料倒入碗里，用打蛋器混合。倒入酵母粉，进一步混合。

2. 倒入牛奶后用手抓匀，让液体和粉末混合在一起。

用手快速抓匀

[揉面]

充分揉面，等面筋形成之后再加入黄油进一步混合。

3. 将面团取出放在台面上。使用于掌根部向前推开面团，然后收回手掌的同时带回面团。不断改变方向重复这一动作。

面团逐渐变得光滑！

要点　一直揉到面团不粘手为止。

4. 等面不再粘手粘台面之后，将面团擀成竖着的长方形，在靠近自己的一半上涂上黄油。

涂上黄油

5. 将靠里的一半向自己这边折叠过来，用手按压，让黄油和面团充分融合。

6. 贴着台面向前推开面团（利用自己的体重），然后拿起面团向台面轻摔。向前方折起面团，再次重复推开、轻摔的动作。

推开

轻摔

折叠

检查面筋

等面团变得十分光滑后，可以检查一下面筋是否已经形成。在面团下方用手指小心地展开面团，如果能透过薄膜看见手指就说明已经差不多了。如果面稀稀拉拉地断开，那就还需要再揉一会儿。

可以放心交给面包机，一直做到第一次发酵！

将原料 A、牛奶和酵母按照说明书的指示放入机器，开始揉面后8分钟加入黄油。

第一次发酵完成后，跳到第8步继续。

[第一次发酵]

将面团放在温暖的地方进行发酵，比起具体时间更应该关注膨胀的情况！

7. 将面团滚圆后放入碗中，盖上保鲜膜放在温暖的地方等待其膨胀到2~2.5倍。

会膨胀这么多！

试一试手指测试吧

如果担心面团的发酵情况，可以用食指蘸上一些高筋面粉，戳进面团里。等第二指节没入面团，如果可以轻松拔出并且孔洞不会闭合就说明已经发酵到位。如果孔洞有点闭合，那就再等一会儿。如果面团瘪塌有褶子那就是发酵过度了，下一次需要缩短时间。

[分割 & 中间醒发]

中间醒发就是让面团得到休息和放松的步骤。

8. 把面团放到台面上，用切面刀分成8等份。

切得干净利落

9. 一边将切面往里起，一边利用手掌的侧面抚平其表面，团成球状。盖上湿毛巾后放置10分钟。

[整形]

排气并进行整形。动作要轻柔!

10. 将面团的收口朝上放在台面上,用手轻轻按压排出气体。

轻轻地按压

11. 像扶着茶杯转动那样,用手的侧面抚平表面并揉成球状,捏紧收口处。

关于排气

虽然表面能看到一些小气泡问题也不大,不过如果想要烤出非常圆润光滑的面包还是要认真做好排气。如果用力过大可能会破坏面团的结构,因此要力度适中。

[第二次发酵]

让面团重复膨胀就能烤出松软的面包。

12. 在烤盘上垫上油纸或油布,将面团收口朝下均匀地排列在烤盘上。盖上湿毛巾后在温暖的地方发酵到1.5~2倍大小。

将收口朝下放置

[烤制]

如果食谱中的烘焙时间为一个区间值,要根据面包的色泽自行判断调整。

13. 将烤箱预热到180℃,烤15~18分钟。取出后放在晾架上冷却。

预热到180℃,烤15~18分钟

check!

表面

表面呈金黄色就说明烤好了。如果颜色不明显可以升高烤箱的温度。如果颜色太深可以缩短烤的时间或是在中途盖上锡纸。

检查底部

要想知道烤得到不到位,只要检查烤完的面包的底部就一目了然。如果只有中间微微上色,那说明发酵得恰到好处,如果整个底面都上色了,说明发酵过头了。如果收口处开裂,说明不是发酵不足就是收口没有捏紧。

掰开看一看

理想的面包表面会有薄薄的一层脆皮,里面的孔洞分布均匀。如果只有上面质地蓬松,而下面很厚实,可能是因为发酵不足或是在整形时用力过度,又或者发酵时的温度过高。

每天都想吃的

佐餐面包

可以和菜肴、汤品、炖肉等菜品搭配享用的佐餐面包。
整形简单，材料也方便采购，只要想到就能马上做出来的一款面包。
即使是喜欢米饭的人也能欣然享用，十分推荐！

原料（可做6个）

A ┌ 高筋面粉……200g
  └ 盐……3g

速效干酵母……2/3茶匙（2g）

B ┌ 水（参见P14的准备工作）……120g
  │ （如果使用国外进口高筋面粉则调整用
  │ 量为128g）
  └ 枫树糖浆……20g

无盐黄油（参见P14的准备工作）……5g

五谷杂粮（适用于面包或家庭烹饪的
加热处理过的那种）……45g

高筋面粉……适量

这款好吃的五谷面包在松软的面
包里夹杂着五谷杂粮颗粒。直接
吃或佐菜吃都很美味。

五谷的香气让人蠢蠢欲动

软糯五谷面包

软糯的口感配上五谷的香气。糖类使用了枫树糖浆，甜味温和。
表面划上了割纹，用厨房剪也能简单操作。
外表也比圆面包更讲究，非常讨喜♪♪

制作方法 揉面的手法和最基础的圆面包一样。在快要揉完的时候加入五谷杂粮。

[混合]

1. 将 A 中原料倒入碗里，用打蛋器搅匀。倒入酵母粉，进一步混合。加入 B 中原料用手搅拌，让液体和粉末融合在一起。

[揉面·加入材料]

2. 将面团取出放在台面上。使用手掌根部推开面团。等面不再粘手粘台面之后，将面团擀成竖着的长方形，在靠近自己的一半上涂上黄油，用手将黄油和面团充分融合。等黄油融化后继续揉面（具体的揉面手法参照 P15 ）。

3. 即将完成揉面的时候，将面团压平，放入五谷杂粮后揉匀。

动作轻柔 不要弄碎五谷

[第一次发酵]

4. 将面团滚圆放入碗中，盖上保鲜膜之后放在温暖的地方等待其膨胀到 2~2.5 倍。

[分割 & 中间醒发]

5. 把面团放到台面上，用切面刀分成 6 等份。将切口向里包起后滚圆，盖上湿毛巾后放置 10 分钟。

[排气 & 整形]

6. 将收口朝上放在台面上，用手轻轻按压排出气体。将按压的一面向里包起后滚圆，捏紧收口处。

[第二次发酵]

7. 在烤盘上垫上油纸或油布，将面团的收口朝下均匀地排列在烤盘上。盖上湿毛巾后在温暖的地方发酵到 1.5~2 倍大小。

将收口朝下放置

[烤制]

8. 用面粉筛撒上一些高筋面粉，用小刀在面团的中间划一道深口（也可以使用厨房剪）。将烤箱预热到 230℃然后设定成 200℃，烤 18 分钟。取出后放在晾架上冷却。

可以放心交给面包机，一直做到第一次发酵！

将原料 A、B 和酵母按照说明书的指示放入机器，开始揉面后 8 分钟加入黄油。揉面快结束的时候加入五谷杂粮。

第一次发酵完成后，跳到第 5 步继续。

白面包

松松
软软

像婴儿的小屁屁那样白白嫩嫩的白面包。

注意发酵情况并在整形时好好压出凹槽，烤完后就能形成清晰的两瓣。

要是凹槽压得不明显就会变成最普通的圆面包哦~怪吓人的……

捏起来软软的特别治愈。
我喜欢拿它蘸上好吃的果酱，或者做成鸡蛋火腿三明治。

材料 (可做8个)

A | 高筋面粉……210g
  | 低筋面粉……40g
  | 白砂糖……20g
  | 脱脂奶粉……7g
  | 盐……3g

速效干酵母……1茶匙 (3g)

B | 牛奶 (参见P14的准备工作)……85g
  | 水 (参见P14的准备工作)……80g
  | (如果使用国外进口高筋面粉则调整
  | 为牛奶90g，水85g)

无盐黄油
  (参见P14的准备工作)……20g

高筋面粉……适量

制作方法

要想烤出白净的面包，窍门就是用低温烤制不让表面上色。

[混合]

1. 将 A 中原料倒入碗里，用打蛋器搅匀。倒入酵母粉，进一步混合。加入 B 中原料用手搅拌，让液体和粉末融合在一起。

[揉面]

2. 将面团取出放在台面上。使用手掌根部推开面团。等面不再粘手粘台面之后，将面团擀成竖着的长方形，在靠近自己的一半上涂上黄油，用手将黄油和面团充分融合。等黄油融化后继续揉面 (具体的揉面手法参照 P15)。

[第一次发酵]

3. 将面团滚圆后放入碗中，盖上保鲜膜之后放在温暖的地方等待其膨胀到 2~2.5 倍。

[分割 & 中间醒发]

4. 把面团放到台面上，用切面刀分成 8 等份。将切口向里包起后滚圆，盖上湿毛巾后放置10分钟。

[排气 & 整形]

5. 将收口朝上放在台面上，用手轻轻按压排出气体。将按压的一面向里包起后滚圆，捏紧收口处。

6. 在烤盘上垫上油纸或油布，将面团的收口朝下均匀地排列在烤盘上。用面粉筛撒上一些高筋面粉，用筷子在中间按压出一条凹槽。

要想压出像小屁屁一样的效果，需要用比较大的力气，但是又不能把面团压裂。

用力压下去

[第二次发酵]

7. 盖上湿毛巾后在温暖的地方发酵到 1.5~2 倍大小。

[烤制]

8. 如果面团表面的高筋面粉已经消失了就再撒上一些。将烤箱预热到 200℃ 然后设定成150℃，烤15~18分钟。取出后放在晾架上冷却。

用低温慢慢烤

可以放心交给面包机，一直做到第一次发酵！

将原料 A、B 和酵母按照说明书的指示放入机器，开始揉面后8分钟加入黄油。

第一次发酵完成后，跳到第 4 步继续。

香脆的核桃

核桃面包

我最近突然特别喜欢核桃面包，尤其喜欢核桃的口感，所以忍不住就在面包里放了很多核桃，有时候连我自己都怀疑是不是核桃比面还多。整形时稍微有些不对称反而会更可爱。我常常会做这款面包寄回老家给妈妈。

原料（可做6个）

A ┌ 高筋面粉……220g
  │ 脱脂奶粉……10g
  └ 盐……3g
速效干酵母……2/3茶匙（2g）
B ┌ 水（参见P14的准备工作）……110g
  │ （如果使用国外进口高筋面粉则调整用量
  │   为120g）
  │ 鸡蛋（室温）……25g
  └ 枫树糖浆……20g
无盐黄油（参见P14的准备工作）……22g
核桃（稍微炒一下）
  （混合在面团里·微微碾碎）……70g
  （装饰在上方·形状好看的）……6个
蛋液……适量

又香又好吃♪划了割纹的地方烤过之后会裂开，我喜欢从那里用手撕开来吃。

制作方法 事先稍微炒一下核桃会更香脆!

[混合]

1. 将 A 中原料倒入碗里,用打蛋器搅匀。倒入酵母粉,进一步混合。加入 B 中原料用手搅拌,让液体和粉末融合在一起。

[揉面·加入材料]

2. 将面团取出放在台面上。使用手掌根部推开面团。等面不再粘手粘台面之后,将面团擀成竖着的长方形,在靠近自己的一半上涂上黄油,用手将黄油和面团充分融合。等黄油融化后继续揉面(具体的揉面手法参照 P15)。

3. 即将完成揉面的时候,将面团压平,放入混合在面团里的碎核桃,铺均匀。

铺均匀就可以了

[第一次发酵]

4. 将面团滚圆后放入碗中,盖上保鲜膜之后放在温暖的地方等待其膨胀到 2~2.5 倍。

[分割 & 中间醒发]

5. 把面团放到台面上,用切面刀分成 12 等份。将切口向里包起后滚圆,盖上湿毛巾后放置 10 分钟。

不用弄得特别圆

[排气 & 整形]

6. 用手掌把每个面团压成 5mm 厚的圆形,两两重叠。用切面刀切出放射状的 5 条切口。

两两重叠!

切成小花的形状♪

[第二次发酵]

7. 在烤盘上垫上油纸或油布,将整形过的面团均匀地排列在烤盘上。盖上湿毛巾后在温暖的地方发酵到 1.5~2 倍大小。

[烤制]

8. 用刷子为所有的面团刷上蛋液,在中间压上装饰用的核桃。将烤箱预热到 190℃烤 15~18 分钟。取出后放在晾架上冷却。

可以放心交给面包机,一直做到第一次发酵!

将原料 A、B 和酵母按照说明书的指示放入机器,开始揉面后 8 分钟加入黄油。揉面快结束的时候加入要混合进面团的碎核桃。

第一次发酵完成后,跳到第 5 步继续。

奶香四溢
牛奶哈斯

我特别喜欢牛奶哈斯。可以放心随意地烤，就算放了一段时间还是松松软软的。

甜美的口味特别喜人，就连切面细密的纹理也格外可爱。

放手大胆地划出割痕，烤出来就变成可爱的锯齿了。

淡淡的
甜味很
暖心

双重
牛奶哈斯

使用了牛奶+脱脂奶粉+香草油，可谓奶香十足！

是一款香甜松软堪比蛋糕的面包。

因为是原味面包，用来做三明治也很合适。

如果作为伴手礼送人，对方一定会特别高兴的。

原料（可做 2 个）

A｜高筋面粉……250g

　｜白砂糖……20g

　｜脱脂奶粉……10g

　｜盐……3g

速效干酵母…… 1茶匙（3g）

B｜牛奶（参见P14的准备工作）……180g

　｜（如果使用国外进口高筋面粉则调整用量

　｜为190g）

　｜香草油……6滴

无盐黄油（参见P14的准备工作）……25g

高筋面粉……适量

加入了双重牛奶，奶香
浓郁。松软又香气四溢，
让人欲罢不能。

制作方法

如果发酵过度会无法切好割痕，因此要特别注意。

[混合]

1. 将 A 中原料倒入碗里，用打蛋器搅匀。倒入酵母粉，进一步混合。加入 B 中原料用手搅拌，让液体和粉末融合在一起。

[揉面·加入材料]

2. 将面团取出放在台面上。使用手掌根部推开面团。等面不再粘手粘台面之后，将面团擀成竖着的长方形，在靠近自己的一半上涂上黄油，用手将黄油和面团充分融合。等黄油融化后继续揉面（具体的揉面手法参照 P15）。

[第一次发酵]

3. 将面团滚圆后放入碗中，盖上保鲜膜之后放在温暖的地方等待其膨胀到 2~2.5 倍。

[分割 & 中间醒发]

4. 把面团放到台面上，用切面刀分成 2 份。将切口向里包起后滚圆，盖上湿毛巾后放置 10 分钟。

[排气 & 整形]

5. 将收口朝上放在台面上，用擀面杖一边排出气体一边将面团擀成 10×27cm 的横长方形。左右分别向内折起，在中间形成 1cm 的重叠部分。从靠近自己的一侧开始轻柔地卷起，然后捏紧收口和两端。

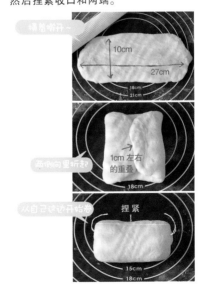

[第二次发酵]

6. 在烤盘上垫上油纸或油布，将面团的收口朝下均匀地排列在烤盘上。盖上湿毛巾后在温暖的地方任其发酵到 1.5~2 倍大小。

[划出割纹]

7. 用面粉筛撒上高筋面粉，沿纵向划出 5 道割纹。

割纹不用太整齐，但要深一些。先划中间的一道然后再划两边的更容易划均匀。

[烤制]

8. 将烤箱预热到 200℃，然后设定成 180℃烤 22 分钟左右。取出后放在晾架上冷却。

可以放心交给面包机，一直做到第一次发酵！

将原料 A、B 和酵母按照说明书的指示放入机器，开始揉面后 8 分钟加入黄油。

第一次发酵完成后，跳到第 4 步继续。

原料（可做2个）

A 高筋面粉……212g
低筋面粉……20g
可可粉（无糖）……18g
白砂糖……30g
脱脂奶粉……8g
盐……3g

速效干酵母……1茶匙（3g）

牛奶（参见P14的准备工作）……185g
（如果使用国外进口高筋面粉则调整用量为195g）

无盐黄油（参见P14的准备工作）……15g

巧克力豆……60g

高筋面粉……适量

直接吃的话松软可口，烤一下吃则巧克力入口即化。时刻让人食指大动！

牛奶巧克力哈斯

甜度适中的巧克力面包中混合着足量的巧克力豆。
这样的配方在出炉后第二天也不会变干，依然软糯可口。
和各种材料搭配起来都很棒，
可以根据自己的喜好改良食谱，加入葡萄干或是坚果。

制作方法

在整形时加入巧克力豆。

[混合]

1. 将A中原料倒入碗里，用打蛋器搅匀。倒入酵母粉，进一步混合。加入牛奶用手搅拌，让液体和粉末融合在一起。

[揉面]

2. 将面团取出放在台面上。使用手掌根部推开面团。等面不再粘手粘台面之后，将面团擀成竖着的长方形，在靠近自己的一半上涂上黄油，用手将黄油和面团充分融合。等黄油融化后继续揉面（具体的揉面手法参照P15）。

[第一次发酵]

3. 将面团滚圆后放入碗中，盖上保鲜膜之后放在温暖的地方等待其膨胀到2~2.5倍。

[分割 & 中间醒发]

4. 把面团放到台面上，用切面刀分成2份。将切口向里包起后滚圆，盖上湿毛巾后放置10分钟。

[排气 & 整形]

5. 将收口朝上放在台面上，用擀面杖一边排出气体一边将面团擀成10×27cm的横长方形，将1/4的巧克力豆均匀地洒在表面。左右分别向内折起，在中间形成1cm的重叠部分，再撒上1/4的巧克力豆。用同样的方法做另一个。

6. 从靠近自己的一侧开始轻柔地卷起，然后捏紧收口和两端。

[第二次发酵]

7. 在烤盘上垫上油纸或油布，将面团的收口朝下均匀地排列在烤盘上。盖上湿毛巾后在温暖的地方任其发酵到1.5~2倍大小。

[划出割纹]

8. 用面粉筛撒上高筋面粉，沿纵向划出5道割纹。

[烤制]

9. 将烤箱预热到200℃，然后设成180℃烤22分钟左右。取出后放在晾架上冷却。

可以放心交给面包机，一直做到第一次发酵！

将原料A、牛奶和酵母按照说明书的指示放入机器，开始揉面后8分钟加入黄油。

第一次发酵完成后，跳到第4步继续。

可以作为
甜点

抹茶牛奶哈斯

虽然巧克力口味的也很棒，但是作为抹茶爱好者，
我还是要首推这一款！
融化的白巧克力和蜜豆相辅相成，特别美味。
切面的旋涡也特别可爱~
配上暖暖的香茶一起享用吧。

原料（可做2个）

A 高筋面粉……241g
　白砂糖……10g
　抹茶粉……9g
　盐……3g

速效干酵母…… 1茶匙（3g）

B 牛奶（参见P14的准备工作）……170g
　（如果使用国外进口高筋面粉则调整用量
　　为182g）
　水（参见P14的准备工作）……10g

无盐黄油（参见P14的准备工作）……15g

C 蜜豆……80g
　白巧克力豆……30g

高筋面粉……适量

微苦的抹茶面包搭配蜜豆和白巧克力，可以说是一款东西合璧的面包。我的祖母也特别喜欢。

制作方法 将白巧克力和蜜豆混合。

[混合]

1. 将 A 中原料倒入碗里，用打蛋器搅匀。倒入酵母粉，进一步混合。加入 B 中原料用手搅拌，让液体和粉末融合在一起。

[揉面]

2. 将面团取出放在台面上。使用手掌根部推开面团。等面不再粘手粘台面之后，将面团擀成竖着的长方形，在靠近自己的一半上涂上黄油，用手将黄油和面团充分融合。等黄油融化后继续揉面（具体的揉面手法参照 P15）。

[第一次发酵]

3. 将面团滚圆后放入碗中，盖上保鲜膜之后放在温暖的地方等待其膨胀到 2~2.5 倍。

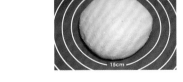

[分割 & 中间醒发]

4. 把面团放到台面上，用切面刀分成 2 份。将切口向里包起后滚圆，盖上湿毛巾后放置 10 分钟。

[排气 & 整形]

5. 将收口朝上放在台面上，用擀面杖一边排出气体一边将面团擀成 10×27cm 的横长方形，将 1/4 的 C 中原料均匀地洒在表面。左右分别向内折起，在中间形成 1cm 的重叠部分，再撒上 1/4 的原料 C。用同样的方法做另一个。

6. 从靠近自己的一侧开始轻柔地卷起，然后捏紧收口和两端。

[第二次发酵]

7. 在烤盘上垫上油纸或油布，将面团的收口朝下均匀地排列在烤盘上。盖上湿毛巾后在温暖的地方任其发酵到 1.5~2 倍大小。

[划出割纹]

8. 用面粉筛撒上高筋面粉，沿纵向划出 5 道割纹。

[烤制]

9. 将烤箱预热到 200℃，然后设定成 180℃烤 20 分钟左右。取出后放在晾架上冷却。

将原料 A、B 和酵母按照说明书的指示放入机器，开始揉面后 8 分钟加入黄油。

第一次发酵完成后，跳到第 4 步继续。

难点是在整形的时候花费太长时间容易让面团扁塌。相对而言在寒冷的冬天更容易成功。

原料（可做6个）

A │ 高筋面粉……175g
  │ 低筋面粉……25g
  │ 白砂糖……5g
  │ 盐……3g

速效干酵母……2/3茶匙（2g）

B │ 牛奶（参见P14的准备工作）……110g
  │   （如果使用国外进口高筋面粉则调整用量
  │   为120g）
  │ 鸡蛋（室温）……30g
  │ 蜂蜜……10g

无盐黄油（参见P14的准备工作）……35g

蛋液……适量

从原味到甜味

各种
人气奶油卷

虽然烘焙书上说奶油卷适合新手，但是说实话并不容易成功。

我在整形上就花过不少工夫，做过好多练习……不过好在现在已经逐渐熟练，

喜欢上了卷面团的步骤♪诀窍就是切开面团的时候要做好水滴形！

可以放心交给面包机，一直做到第一次发酵！

将原料 A、B 和酵母按照说明书的指示放入机器，开始揉面后8分钟加入黄油。

第一次发酵完成后，跳到第 4 步继续。

原味奶油卷

加入低筋面粉后口感轻盈松软。最难的还是整形。
可以试着先做出水滴形再擀成细长条。
卷的时候不要卷太紧，这样更容易在烤的时候保留卷起的线条。

制作方法

在切面的时候把面团做成水滴形便于整形。

[混合]

1. 将 A 中原料倒入碗里，用打蛋器搅匀。倒入酵母粉，进一步混合。加入 B 中原料用手搅拌，让液体和粉末融合在一起。

[揉面]

2. 将面团取出放在台面上。使用手掌根部推开面团。等面不再粘手粘台面之后，将面团擀成竖着的长方形，在靠近自己的一半上涂上黄油，用手将黄油和面团充分融合。等黄油融化后继续揉面（具体的揉面手法参照 P15）。

[第一次发酵]

3. 将面团滚圆后放入碗中，盖上保鲜膜之后放在温暖的地方等待其膨胀到 2~2.5 倍。

[分割 & 中间醒发]

4. 把面团放到台面上压成圆饼，用切面刀分成 6 份。将切口向里包起后揉成水滴形，盖上湿毛巾后放置 10 分钟。

[排气 & 整形]

5. 滚动面团，搓成一侧细一侧粗的长条，长度大约为 20cm（用惯用手压住面团后小心搓动就能把一侧搓细）。不要过度搓揉，避免损伤面团，中间应该稍微停下，让面团有休息的时间（如果休息途中面团有发酵的迹象，可以裹上保鲜膜放入冰箱冷藏）。

6.

6. 用擀面杖一边排出气体一边将面条擀成 30cm 长（形状类似等腰三角形，前端细长），从宽的一头开始卷起，然后捏紧收口。

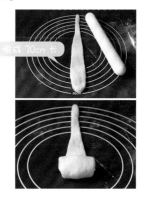

[第二次发酵]

7. 在烤盘上垫上油纸或油布，将面团的收口朝下均匀地排列在烤盘上。盖上湿毛巾后在温暖的地方任其发酵到 1.5~2 倍大小。

[烤制]

8. 用刷子在表面涂上蛋液，在 180℃ 的烤箱内烤 15~20 分钟。取出后放在晾架上冷却。

掰开之后能一眼看到核桃和奶酪。搭配色拉或水果作为早餐再合适不过。

原料（可做6个）

A | 高筋面粉……200g
  | 白砂糖……20g
  | 脱脂奶粉……5g
  | 熟白芝麻……5g
  | 熟黑芝麻……5g
  | 盐……3g

速效干酵母……2/3茶匙（2g）

水（参见P14的准备工作）……123g
  （如果使用国外进口高筋面粉则调整用量为128g）

无盐黄油（参见P14的准备工作）……25g

B | 奶油奶酪（室温）……60g
  | 核桃（稍微炒过后微微碾碎）……40g

蛋液……适量

可以放心交给面包机，一直做到第一次发酵！

将原料 A、水和酵母按照说明书的指示放入机器，开始揉面后8分钟加入黄油。

第一次发酵完成后，跳到第 4 步继续。

核桃奶酪芝麻奶油卷

香甜可口

加入了大量香酥的核桃和绵密柔滑的奶油奶酪，制成这款核桃面包♪
馅料在整形时能起到内衬一样的作用，因此卷的时候更加方便。
核桃不仅营养价值高，还有美容功效。岂不是要多吃一点才好？

制作方法

把核桃和奶酪卷到面团里进行整形。

[混合]

1. 将 A 中原料倒入碗里，用打蛋器搅匀。倒入酵母粉，进一步混合。加入水后用手搅拌，让液体和粉末融合在一起。

[揉面]

2. 将面团取出放在台面上。使用手掌根部推开面团。等面不再粘手粘台面之后，将面团擀成竖着的长方形，在靠近自己的一半上涂上黄油，用手将黄油和面团充分融合。等黄油融化后继续揉面（具体的揉面手法参照P15）。

[第一次发酵]

3. 将面团滚圆后放入碗中，盖上保鲜膜之后放在温暖的地方等待其膨胀到2~2.5倍。

[分割 & 中间醒发]

4. 把面团放到台面上压成圆饼，用切面刀分成6份。将切口向里包起后揉成水滴形，盖上湿毛巾后放置10分钟。

[排气 & 整形]

5. 滚动面团，搓成一侧细一侧粗的长条，长度大约为20cm（整形的诀窍参考 P31-5）。

6. 用擀面杖一边排出气体一边将面条擀成30cm 长（形状类似等腰三角形，前端细长），从距离前端5cm 的地方开始均匀地放上 B 中原料，然后从宽的一头开始卷起，捏紧收口。

[第二次发酵]

7. 在烤盘上垫上油纸或油布，将面团的收口朝下均匀地排列在烤盘上。盖上湿毛巾后在温暖的地方发酵到1.5~2倍大小。

[烤制]

8. 用刷子在表面涂上蛋液，在180℃的烤箱内烤15~20分钟。取出后放在晾架上冷却。

大理石纹奶油卷

黑巧克力的
淡淡苦味
颇有韵味

需要分别制作原味面团和巧克力面团，难免手工揉面揉到头晕眼花。
不过做出来的每个面包都无比精致，有着独一无二的大理石纹理，
给人带来无与伦比的成就感！

原料（可做6个）

■原味面团

A 高筋面粉……85g
低筋面粉……15g
白砂糖……10g
盐……1.5g

速效干酵母……1/3茶匙（1g）

B 牛奶（参见P14的准备工作）……52g
（如果使用国外进口高筋面粉则调整用量为
55g）
鸡蛋（室温）……20g

无盐黄油（参见P14的准备工作）……10g

■巧克力面团

C 高筋面粉……83g
低筋面粉……15g
白砂糖……10g
黑巧克力粉……2g
盐……1.5g

速效干酵母……1/3茶匙（1g）

D 牛奶（参见P14的准备工作）……52g
（如果使用国外进口高筋面粉则调整用量为
55g）
鸡蛋（室温）……20g

无盐黄油（参见P14的准备工作）……10g

巧克力豆（也可用使用核桃、干果等）……45g

蛋液……适量

让面包机只做
揉面步骤
就可以了！

将原料A、B和酵母（原味面团的部分）按
照说明书的指示放入机器，开始揉面后8分
钟加入黄油（原味面团的部分）。按照第3步
放入冰箱冷藏（不超过20分钟）；用同样的
方法做巧克力面团。

揉面完成后，跳到第5步继续。

制作方法

分别做好原味和巧克力两种面团后再进行混合。

[混合原味面团]

1. 将 A 中原料倒入碗里，用打蛋器搅匀。倒入酵母粉，进一步混合。加入 B 中原料用手搅拌，让液体和粉末融合在一起。

[揉原味面团]

2. 将面团取出放在台面上。使用手掌根部推开面团。等面不再粘手粘台面之后，将面团擀成竖着的长方形，在靠近自己的一半上涂上黄油，用手将黄油和面团充分融合。等黄油融化后继续揉面（具体的揉面手法参照 P15）。

3. 将面团放回碗中盖上保鲜膜放入冰箱冷藏，直到巧克力面团完成（不可超过20分钟）。

[制作巧克力面团]

4. 将 C 中原料倒入另一个碗里，用打蛋器搅匀。倒入酵母粉，进一步混合。加入 D 中原料用手搅拌，让液体和粉末融合在一起。加入黄油，重复制作原味面团时的手法揉面。

[第一次发酵]

5. 取出冰箱里的原味面团，和巧克力面团一起放在台面上，分别分成2份，再将所有的面团揉在一起滚圆。将其放入碗中，盖上保鲜膜之后放在温暖的地方等待其膨胀到2~2.5倍。

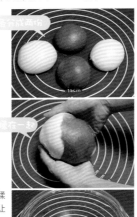

要注意如果揉得太过，会让巧克力面团和原味面团完全混在一起，那样就做不出大理石纹理了。

[分割 & 中间醒发]

6. 把面团放到台面上压成圆饼，用切面刀分成6份。将切口向里包起后揉成水滴形，盖上湿毛巾后放置10分钟。

[排气 & 整形]

7. 滚动面团，搓成一侧细一侧粗的长条，长度大约为20cm（整形的诀窍参考 P31-5）。

8. 用擀面杖一边排出气体一边将面条擀成30cm长（形状类似等腰三角形，前端细长），从距离前端5cm的地方开始均匀地放上巧克力豆，然后从宽的一头开始卷起，捏紧收口。

[第二次发酵]

9. 在烤盘上垫上油纸或油布，将面团的收口朝下均匀地排列在烤盘上。盖上湿毛巾后在温暖的地方任其发酵到1.5~2倍大小。

[烤制]

10. 用刷子在表面涂上蛋液，将烤箱预热到190℃烤10分钟，然后转为170℃再烤10分钟左右。取出后放在晾架上冷却。

甜味温和的
和风
奶油卷

黑糖红豆奶油卷

这款和风奶油卷使用了黑糖增甜，馅料则用到了红豆。

是我在母亲节的时候研究出来的一款面包，还记得当时妈妈非常高兴。

面团里加入了黑糖，甜味温和，

红豆馅料满满，甜而不腻，一次能吃好多个。

原料（可做6个）

A ┌ 高筋面粉……200g
  │ 黑糖……35g
  │ 脱脂奶粉……15g
  └ 盐……3g

速效干酵母……2/3茶匙（2g）
水（参见P14的准备工作）……122g
（如果使用国外进口高筋面粉则调整用量为128g）
无盐黄油（参见P14的准备工作）……20g
红豆（小粒的）……60g
蛋液……适量

红豆会起到内衬一样的作用，可以很容易就卷起面团，初学者也能顺利操作。甜味也非常细腻柔和。

制作方法

把红豆卷进面团里的时候的动作要轻柔一些。

[混合]

1. 将A中原料倒入碗里，用打蛋器搅匀。倒入酵母粉，进一步混合。加入水后用手搅拌，让液体和粉末融合在一起。

[揉面]

2. 将面团取出放在台面上。使用手掌根部推开面团。等面不再粘手粘台面之后，将面团擀成竖着的长方形，在靠近自己的一半上涂上黄油，用手将黄油和面团充分融合。等黄油融化后继续揉面（具体的揉面手法参照P15）。

[第一次发酵]

3. 将面团滚圆放入碗中，盖上保鲜膜之后放在温暖的地方等待其膨胀到2~2.5倍。

[分割 & 中间醒发]

4. 把面团放到台面上压成圆饼，用切面刀分成6份。将切口向里包起后滚圆，盖上湿毛巾后放置10分钟（分割的诀窍参考P31-4）。

[排气 & 整形]

5. 滚动面团，搓成一侧细一侧粗的长条，长度大约为20cm（整形的诀窍参考P31-5）。

6. 用擀面杖一边排出气体一边将面条擀成30cm长（形状类似等腰三角形，前端细长），从距离前端5cm的地方开始均匀地放上红豆，然后从宽的一头开始卷起，捏紧收口。

[第二次发酵]

7. 在烤盘上垫上油纸或油布，将面团的收口朝下均匀地排列在烤盘上。盖上湿毛巾后在温暖的地方任其发酵到1.5~2倍大小。

[烤制]

8. 用刷子在表面涂上蛋液，在180℃的烤箱内烤15~20分钟。取出后放在晾架上冷却。

可以放心交给面包机，一直做到第一次发酵！

将原料A、水和酵母按照说明书的指示放入机器，开始揉面后8分钟加入黄油。

第一次发酵完成后，跳到第4步继续。

暖暖香甜

甜面包

虽然我也很喜欢小麦粉原汁原味的清香，但是作为嗜甜星人，
还是最喜欢加了奶油、豆馅儿或是巧克力的甜面包！
和其他种类的面包相比，甜面包的整形更容易，做起来也轻松愉快。

原料（可做6个）

A｜高筋面粉……190g
　｜低筋面粉……25g
　｜白砂糖……20g
　｜脱脂奶粉……10g
　｜紫薯粉……4g
　｜盐……3g
速效干酵母……2/3茶匙（2g）
水（参见P14的准备工作）……134g
　（如果使用国外进口高筋面粉则调整用量为
　　140g）
无盐黄油（参见P14的准备工作）……20g
樱花豆沙（分成6份搓成圆球）……250g
盐渍樱花（过水后除去盐分）……适量

包装之后尤其适合送
礼。不妨作为春天赏
花时的小点心。

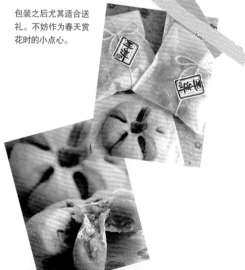

将馅料换成梅子豆沙，上面撒上白芝麻就变成了梅花面包。像这样自己改良一下也很有意思呢。

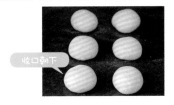

春意满满的嫩粉色

樱花面包

樱花面包是我家春天必不可少的一款点心。用紫薯粉将面包做成淡淡的粉色，吃的时候一片片地掰下樱花花瓣，仿佛就能感受到春天的到来。

这已经成了我们每年春天的惯例。

涂上蛋液低温烤制，就能做出非常美丽的色泽。

制作方法

整形时压扁，能让馅料均匀地分布到每个角落。

[混和]

1. 将 A 中原料倒入碗里，用打蛋器搅匀。倒入酵母粉，进一步混合。加入水后用手搅拌，让液体和粉末融合在一起。

[揉面]

2. 将面团取出放在台面上。使用手掌根部推开面团。等面不再粘手粘台面之后，将面团擀成竖着的长方形，在靠近自己的一半上涂上黄油，用手将黄油和面团充分融合。等黄油融化后继续揉面（具体的揉面手法参照 P15）。

[第一次发酵]

3. 将面团滚圆后放入碗中，盖上保鲜膜之后放在温暖的地方等待其膨胀到2~2.5倍。

[分割 & 中间醒发]

4. 把面团放到台面上压成圆饼，用切面刀分成6份。将切口向里包起后滚圆，盖上湿毛巾后放置10分钟。

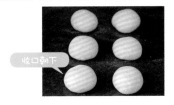

[排气 & 整形]

5. 将收口朝上放在台面上，用手轻轻按压排出气体。将面团压成直径8cm的圆形，在中间放上樱花豆沙后包起来，捏紧收口处。

6. 收口朝下，用手掌把每个面团压成1.5cm 厚的圆形。用切面刀切出放射状的5条切口。

水蒸气能从切口的地方跑走，这样烤出来的面包才不会有孔洞。

[第二次发酵]

7. 在烤盘上垫上油纸或油布，将面团的收口朝下均匀地排列在烤盘上。盖上湿毛巾后在温暖的地方任其发酵到1.5~2倍大小。

[烤制]

8. 用手指蘸水后在面团中心用力按压，然后放上盐渍樱花。在预热到170℃的烤箱内烤15分钟左右。取出后放在晾架上冷却。

可以放心交给面包机，一直做到第一次发酵！

将原料 A、水和酵母按照说明书的指示放入机器，开始揉面后8分钟加入黄油。

第一次发酵完成后，跳到第 4 步继续。

原料（可做4个）

■面团

A┌ 高筋面粉······200g
│ 白砂糖······10g
│ 酪乳粉（脱脂奶粉也可以）······10g
└ 盐······3g

速效干酵母······2/3茶匙（2g）

水（参见P14的准备工作）······123g
　（如果使用国外进口高筋面粉则调整用量为
　128g）

无盐黄油（参见P14的准备工作）······10g

■奶油

无盐黄油（参见P14的准备工作）······60g

细砂糖······23g

炼乳······42g

浓郁的
鲜奶油

最爱的
牛奶法棍

香脆的口感，浓郁香甜的奶油。
有种让人怀念的感觉，是我最爱的面包之一！
好吃到沾得满手都是奶油也不会在意！
更不要说卡路里之类的小事啦。

还可以从中间切开后夹入奶
油，尝到不同的口味。

制作方法

如果想让奶油带有颗粒感也可以使用粗颗粒的砂糖。

[混合]

1. 将A中原料倒入碗里，用打蛋器搅匀。倒入酵母粉，进一步混合。加入水后用手搅拌，让液体和粉末融合在一起。

[揉面]

2. 将面团取出放在台面上。使用手掌根部推开面团。等面不再粘于粘台面之后，将面团擀成竖着的长方形，在靠近自己的一半上涂上黄油，用手将黄油和面团充分融合。等黄油融化后继续揉面（具体的揉面手法参照P15）。

[第一次发酵]

3. 将面团滚圆后放入碗中，盖上保鲜膜之后放在温暖的地方等待其膨胀到2~2.5倍。

[分割 & 中间醒发]

4. 把面团放到台面上压成圆饼，用切面刀分成4份。将切口向里包起后滚圆，盖上湿毛巾后放置10分钟。

收口向下放置

[排气 & 整形]

5. 将收口朝上放在台面上，用擀面杖一边排出气体一边将其擀成12×15cm的横长方形。将上下分别向中间折起，然后再重复一次将上下向中间折起，捏紧收口处。将面搓成20~25cm左右长的棒状。

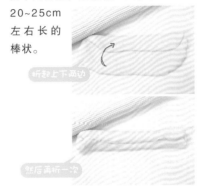
折起上下两边

然后再折一次

[第二次发酵]

6. 在烤盘上垫上油纸或油布，将面团的收口朝下均匀地排列在烤盘上。盖上湿毛巾后在温暖的地方任其发酵到1.5~2倍大小。

[划出割纹]

7. 用割纹刀划出割纹。割纹可以像香肠那样细密，也可以在中间纵向划一道，或是像法棍那样斜着划三道。按照自己的喜好就行了。

[烤制]

8. 将烤箱预热到230℃，然后设定成200℃烤18分钟左右。取出后放在晾架上充分冷却，然后从侧面划开（用来夹奶油）。

割纹按照自己的喜好就好

[夹奶油]

9. 将黄油放入碗中，用打蛋器搅拌顺滑。依次加入细砂糖和炼乳，每加入一种材料都要好好搅拌均匀。

10. 将奶油装入裱花袋中（如果有裱花嘴就装上），挤到面包的开口处。

可以放心交给面包机，一直做到第一次发酵！

将原料A、水和酵母按照说明书的指示放入机器，开始揉面后8分钟加入黄油。

第一次发酵完成后，跳到第4步继续。

只有菠菜粉才能做出这样雅致的绿色。粉末不仅使用方便，而且显色良好，非常推荐。

外形酷似真南瓜

南瓜面包

说起南瓜面包，绝大多数都是鲜艳的橘黄色，但是日本的南瓜是深绿色的呀！于是我用菠菜粉真实再现了日本的南瓜。
里面也塞上了满满的南瓜馅。
万圣节的时候少不了它，一定会为餐桌旁的人们带来欢笑！

原料（可做4个）

A ┃ 高筋面粉……121g
　┃ 白砂糖……10g
　┃ 脱脂奶粉……5g
　┃ 菠菜粉——4g
　┃ 盐……2g
速效干酵母……1/2茶匙（1.5g）
水（参见P14的准备工作）……77g
　（如果使用国外进口高筋面粉则调整用量为80g）
无盐黄油（参见P14的准备工作）……8g
B ┃ 南瓜（去皮）……净重40g
　┃ 水……1茶匙
白豆沙……100g
南瓜子……4粒

准备工作

将南瓜子稍微炒一下。

准备12根30cm长的棉线。

制作方法

系起棉线做出南瓜的形状。

[做南瓜馅]

1. 将 B 中原料放入耐热的容器中,盖上保鲜膜,在微波炉里加热1分钟。用食品粉碎机搅碎并等待冷却,之后加入白豆沙搅拌均匀,分成4等份后搓成小圆球。

[混合面团]

2. 将 A 中原料倒入碗里,用打蛋器搅匀。倒入酵母粉,进一步混合。加入水后用手搅拌,让液体和粉末融合在一起。

[揉面]

3. 将面团取出放在台面上。使用手掌根部推开面团。等面不再粘手粘台面之后,将面团擀成竖着的长方形,在靠近自己的一半上涂上黄油,用手将黄油和面团充分融合。等黄油融化后继续揉面(具体的揉面手法参照 P15)。

[第一次发酵]

4. 将面团滚圆后放入碗中,盖上保鲜膜之后放在温暖的地方等待其膨胀到2~2.5倍。

[分割 & 中间醒发]

5. 把面团放到台面上压成圆饼,用切面刀分成4份。将切口向里包起后滚圆,盖上湿毛巾后放置10分钟。

[排气 & 整形]

6. 将收口朝上放在台面上,用擀面杖一边排出气体一边将其擀成直径8cm的圆形。在中间放上1中的南瓜馅后包起,捏紧收口处。

7. 每一个面团对应使用3根棉线,先将其中一根松松地绕面团一圈后打结,再将剩下两根等间隔地呈放射状扎在面团上。其余的面团也做同样处理。

如果扎得太紧棉线会在发酵后陷进面团里,弄破面团,因此要扎得松一些。将绳结固定在上方,打成活结,解开时也就比较容易。

[第二次发酵]

8. 在烤盘上垫上油纸或油布,将面团的收口朝下均匀地排列在烤盘上。盖上湿毛巾后在温暖的场所任其发酵到1.5~2倍大小。

发酵到棉线微微嵌进面团。

[烤制]

9. 将烤箱预热到200℃,然后设定成150℃烤15分钟左右。取出后放在晾架上冷却,小心地取下棉线,在中间放上一颗南瓜子。

可以放心交给面包机,一直做到第一次发酵!

将原料 A、水和酵母按照说明书的指示放入机器,开始揉面后8分钟加入黄油。

第一次发酵完成后,跳到第5步继续。

原料

（用于直径 10cm × 高 3.5cm、容量 200ml 的硅胶模具，可做 4 个）

■面团

A 高筋面粉……150g
　白砂糖……15g
　酪乳粉（脱脂奶粉也可以）……7g
　盐……2g

速效干酵母……1/2茶匙（1.5g）

水（参见P14的准备工作）……90g

　（如果使用国外进口高筋面粉则调整用量为96g）

无盐黄油（参见P14的准备工作）……20g

■馅料

奶油奶酪（室温）……80g

苹果（切成小扇形）……50g

核桃（稍微炒过后微微碾碎）……16g

柠檬汁……1/2茶匙

苹果一年四季都能买到，因此什么时候都能做。如果正值上市的季节可以选用甜度高的品种。

44

酸甜爽口
的苹果

苹果奶酪核桃面包

结合了面包的松软、核桃的香酥、苹果的爽口和奶油奶酪的绵密柔滑，
美味无人可挡。放入模具烘烤，即使时间长了也依然松软。
不管是新鲜出炉还是放了一段时间都好吃。

制作方法

用微波炉事先加热一下苹果。

[加热苹果]

1. 将苹果放入耐热的容器中，加入柠檬汁拌匀。在微波炉里加热1分10秒，晾凉待用。

如果苹果的甜度不够，可以在加入柠檬汁的同时放入5g白砂糖。

[混合面团]

2. 将A中原料倒入碗里，用打蛋器搅匀。倒入酵母粉，进一步混合。加入水后用手搅拌，让液体和粉末融合在一起。

[揉面]

3. 将面团取出放在台面上。使用手掌根部推开面团。等面不再粘手粘台面之后，将面团擀成竖着的长方形，在靠近自己的一半上涂上黄油，用手将黄油和面团充分融合。等黄油融化后继续揉面（具体的揉面手法参照P15）。

[第一次发酵]

4. 将面团滚圆后放入碗中，盖上保鲜膜之后放在温暖的地方等待其膨胀到2~2.5倍。

[中间醒发]

5. 把面团放到台面上滚圆，盖上湿毛巾后放置10分钟。

不用叹气，搓滚圆！

[排气 & 整形]

6. 将收口朝上放在台面上，用擀面杖一边排出气体一边将其擀成25×20cm的竖长方形。从自己面前3cm的地方开始均匀地涂抹上奶油奶酪，然后放上沥干水分的苹果块。

7. 从靠近自己的一侧开始卷起后捏紧收口，切成4段。

[第二次发酵]

8. 将收口朝上放入模具中，轻轻用手按压，确保面团和模具底部不留空隙。盖上湿毛巾后在温暖的地方任其发酵到1.5~2倍大小。

[烤制]

9. 撒上核桃，在预热到180℃的烤箱内烤15~20分钟。脱模后放在晾架上冷却。

可以放心交给面包机，一直做到第一次发酵！

将原料A、水和酵母按照说明书的指示放入机器，开始揉面后8分钟加入黄油。

第一次发酵完成后，跳到第5步继续。

香蕉和巧克力相辅相成，再加上肉桂，男性朋友也会很喜欢。

巧克力香蕉肉桂卷

将家里来不及吃外皮变黑了的香蕉作为主要原料。
用心形模具做出松软的巧克力面包，再挤上糖霜，
香甜可口的巧克力香蕉面包就做好了！
融化的巧克力和香蕉像果酱一样柔滑，好吃极了♪

原料

（使用6×6×3.5cm高、容量70ml
的心形马芬杯模，可做12个）

A ┌ 高筋面粉……235g
  │ 白砂糖……20g
  │ 可可粉（无糖）……15g
  └ 盐……3g

速效干酵母……1茶匙（3g）

牛奶（参见P14的准备工作）……182g

（如果使用国外进口高筋面粉则调整用量
为190g）

无盐黄油（参见P14的准备工作）……20g

B ┌ 白砂糖……15g
  │ 肉桂粉……1/2茶匙（1g）
  └ 巧克力豆……80g

香蕉……净重200g

柠檬汁……1茶匙

■糖霜

糖粉……50g

水……6g

准备工作

将香蕉切成1cm见
方的小块，加入柠
檬汁后混合。

制作方法

用熟透的香蕉做出的成品香味更浓郁。

［混合］

1. 将 A 中原料倒入碗里，用打蛋器搅
匀。倒入酵母粉，进一步混合。加入
牛奶后用手搅拌，让液体和粉末融合
在一起。

［揉面］

2. 将面团取出放在台面上。使用手掌
根部推开面团。等面不再粘手粘台面
之后，将面团擀成竖着的长方形，在
靠近自己的一半上涂上黄油，用手将黄
油和面团充分融合。等黄油融化后继
续揉面（具体的揉面手法参照 P15）。

［第一次发酵］

3. 将面团滚圆后放入碗中，盖上保鲜
膜之后放在温暖的地方等待其膨胀到
2~2.5倍。

［中间醒发］

4. 把面团放到台面上滚圆，盖上湿毛
巾后放置10分钟。

［排气 & 整形］

5. 将收口朝上放在台面上，用擀面杖一
边排出气体一边将其擀成20×30cm的
横长方形。距内侧空开2cm，依次放上
B 中原料，然后放上准备好的香蕉块。

要空开 2cm 哦

20cm

30cm

6. 从靠近自己的一
侧开始卷起后捏紧
收口，切成12段。

卷起来

［第二次发酵］

7. 将收口朝上放入模具中，轻轻用手
按压，确保面团和模具底部不留空隙。
盖上湿毛巾后在温暖的地方任其发酵
到1.5~2倍大小。

［烤制］

8. 在预热到190℃
的烤箱内烤15分
钟左右。脱模后放
在晾架上冷却。

［制作糖霜］

9. 将糖粉和水在碗中混合，制成糖霜。
用勺子倒到烤好的
面包上。

糖霜很容易凝固，因此
要在使用前现做。

可以放心交给面
包机，一直做到
第一次发酵！

将原料 A、牛奶和酵母按照说明书的指
示放入机器，开始揉面后8分钟加入
黄油。

第一次发酵完成后，跳到第 4 步继续。

用手撕着吃
根本
停不下来

软糯草莓面包环

草莓味的巧克力豆很像小时候的明治阿波罗草莓巧克力，吃起来颇让人怀念。

于是我将这酸甜的口味做成了手撕面包。

烤完后稍微冷却一点的时候最软糯也最好吃了。

原料（用于直径 18cm 的天使蛋糕模具，可做 1 个）

A ┌ 高筋面粉……200g
  │ 白砂糖……16g
  └ 盐……3g
速效干酵母……2/3茶匙（2g）
B ┌ 水（参见P14的准备工作）……80g
  │ 原味酸奶（室温）……50g
  │ （如果使用国外进口高筋面粉
  │ 则调整为水85g·原味酸奶52g）
无盐黄油（参见P14的准备工作）……16g
草莓味巧克力豆……40g
高筋面粉……适量

制作方法
加入酸奶能为面包增添一丝清爽的酸味。

[混合]

1. 将 A 中原料倒入碗里，用打蛋器搅匀。倒入酵母粉，进一步混合。加入 B 中原料后用手搅拌，让液体和粉末融合在一起。

[揉面·加入材料]

2. 将面团取出放在台面上。使用手掌根部推开面团。等面不再粘手粘台面之后，将面团擀成竖着的长方形，在靠近自己的一半上涂上黄油，用手将黄油和面团充分融合。等黄油融化后继续揉面（具体的揉面手法参照 P15）。

3. 即将完成揉面的时候，将面团压平，放入草莓味巧克力豆后揉匀。

[第一次发酵]

4. 将面团滚圆后放入碗中，盖上保鲜膜之后放在温暖的地方等待其膨胀到 2~2.5 倍。

[分割·中间醒发]

5. 把面团放到台面上，用秤称重后拿切面刀切成 8 等份。将切口向里包起后滚圆，盖上湿毛巾后放置 10 分钟。

大小均匀才能烤出漂亮的面包。

[排气 & 整形]

6. 将收口朝上放在台面上，用手轻轻按压排出气体。将按压的一面向里包起后滚圆，捏紧收口处。

[第二次发酵]

7. 将收口朝下放入模具中，盖上湿毛巾后在温暖的地方任其发酵到 1.5~2 倍大小。

沿着对角线放入模具就能摆放均匀对称。

[烤制]

8. 用面粉筛撒上高筋面粉，将烤箱预热到 200℃后设定成 170℃烤 10 分钟，改为 150℃继续烤 10 分钟。脱模后放在晾架上冷却。

面包非常松软，脱模的时候要动作轻柔。

可以放心交给面包机，一直做到第一次发酵！

将原料 A、B 和酵母按照说明书的指示放入机器，开始揉面后 8 分钟加入黄油。揉面快结束的时候加入草莓味巧克力豆。

第一次发酵完成后，跳到第 5 步继续。

里外都是巧克力。对于像我一样嗜甜又爱吃巧克力的人再合适不过了♪

原料（可做6个）

■面团

A | 高筋面粉……200g
　| 砂糖……20g
　| 脱脂奶粉……14g
　| 盐……3g

速效干酵母……2/3茶匙（2g）

水（参见P14的准备工作）……120g
　（如果使用国外进口高筋面粉则调整用量为
　128g）

无盐黄油（参见P14的准备工作）……16g

巧克力豆……40g

■酥皮

无盐黄油（参见P14的准备工作）……50g

蜂蜜……10g

白砂糖……40g

鸡蛋（室温）……50g

B | 低筋面粉……35g
　| 高筋面粉……10g
　| 可可粉（无糖）……7g

准备工作

将 B 中原料混合后过筛。

可以放心交给面包机，一直做到第一次发酵！

将原料A、水和酵母按照说明书的指示放入机器，开始揉面后8分钟加入黄油。揉面快结束的时候加入巧克力豆。

第一次发酵完成后，跳到第 8 步继续。

独特的外形
酷似帽子

巧克力法式甜面包球

松软的面包搭配酥脆的外皮，有点类似菠萝包，但是做起来就简单很多！
大饱口福时最让人期待的就是上面厚厚的饼干酥皮了。
浓郁酥脆的搭配实在让人欲罢不能呢！

制作方法

分别做面包和酥皮。

[做酥皮]

1. 将做酥皮用的黄油放入碗中，用打蛋器搅拌成奶油状，加入蜂蜜后继续搅拌。分三次加入白砂糖，每次都搅拌均匀。

2. 将鸡蛋打散成蛋液，分三次加入，每次都要搅拌均匀。

加入蛋液时容易出现分层，因此每次都要好好搅拌。

3. 将打蛋器换成刮刀，将 B 中原料倒入碗中。用刮劈的手法混合，直到看不出散在外面的粉末。将混合后的材料放入裱花袋中（有裱花嘴的话也可以装上）放进冰箱冷藏。

刮劈着
进行混合

[混合面团]

4. 将 A 中原料倒入碗里，用打蛋器搅匀。倒入酵母粉，进一步混合。加入水后用手搅拌，让液体和粉末融合在一起。

[揉面 · 加入材料]

5. 将面团取出放在台面上。使用手掌根部推开面团。等面不再粘手粘台面之后，将面团擀成竖着的长方形，在靠近自己的一半上涂上黄油，用手将黄油和面团充分融合。等黄油融化后继续揉面（具体的揉面手法参照 P15）。

6. 即将完成揉面的时候，将面团压平，放入巧克力豆后揉匀。

[第一次发酵]

7. 将面团滚圆后放入碗中，盖上保鲜膜之后放在温暖的地方等待其膨胀到 2~2.5 倍。

[中间醒发]

8. 把面团放到台面，用切面刀分成 6 份。将切口向里包起后滚圆，盖上湿毛巾后放置 10 分钟。

[排气 & 整形]

9. 将收口朝上放在台面上，用手轻轻按压排出气体。将按压的一面向里包起后滚圆，捏紧收口处。

[第二次发酵]

10. 在烤盘上垫上油纸或油布，将面团的收口朝下均匀地排列在烤盘上。盖上湿毛巾后在温暖的地方任其发酵到 1.5~2 倍大小。

11. 将裱花袋中的酥皮材料沿螺旋状挤到面团的上，直到盖住面团的上 1/3。

从中心开始旋转
着挤上去

[烤制]

12. 在预热到 190℃烤箱里烤 15 分钟左右。取出后放在晾架上冷却。

从原味到甜味

各种形状的吐司面包

我们夫妇二人都是贪吃鬼，常常用吐司面包做健康又大份的三明治。

吐司面包看似简单，其实颇有学问！大家平时都常吃，因此面包口感好不好一尝就知道。做吐司面包最考验烘焙者的手艺！

圆顶吐司、山型吐司、方形吐司，各种各样的形状不妨都试着做一下吧。

面包边都好吃的杂粮圆顶吐司

做圆顶吐司只需要把面饼卷起来就可以，可谓是最适合初学者的入门级吐司面包了。
这款五谷面包的面包边口感扎实，非常适合拿来做三明治。
就算是搭配油腻的油炸食物也完全没问题。

原料
(1斤份·长方形 [宽9.5×长20.8×高8.5cm])

A | 高筋面粉……250g
  | 白砂糖……12g
  | 脱脂奶粉……6g
  | 盐……3g
速效干酵母……1茶匙（3g）
水（参见P14的准备工作）……155g
（如果使用国外进口高筋面粉则调整用量为162g）
无盐黄油（参见P14的准备工作）……15g
五谷杂粮（适用于面包或家庭烹饪的加热处理过的那种）……80g

制作方法
只要卷起来塞进模里就行了，非常简单。

[混合]

1. 将A中原料倒入碗里，用打蛋器搅匀。倒入酵母粉，进一步混合。加入水后用手搅拌，让液体和粉末融合在一起。

> 可以放心交给面包机，一直做到第一次发酵！

将原料A、水和酵母按照说明书的指示放入机器，开始揉面后8分钟加入黄油。揉面快结束的时候加入五谷杂粮。

第一次发酵完成后，跳到第5步继续。

[揉面·加入材料]

2. 将面团取出放在台面上。使用手掌根部推开面团。等面不再粘手粘台面之后，将面团擀成竖着的长方形，在靠近自己的一半上涂上黄油，用手将黄油和面团充分融合。等黄油融化后继续揉面（具体的揉面手法参照P15）。

3. 即将完成揉面的时候，将面团压平，放入五谷杂粮后揉匀（不要弄碎。参考P19）。

[第一次发酵]

4. 将面团滚圆后放入碗中，盖上保鲜膜之后放在温暖的地方等待其膨胀到2~2.5倍。

[中间醒发]

5. 把面团放到台面上滚圆，盖上湿毛巾后放置10分钟。

[排气 & 整形]

6. 将收口朝上放在台面上，用擀面杖一边排出气体一边将其擀成30×16cm的长方形（短边对应模具的长度）。从靠近自己的一头开始卷起，然后捏紧收口。

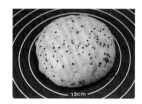

卷起来

[第二次发酵]

7. 将面团的收口朝下放入模具中，盖上湿毛巾后在温暖的场所任其发酵到模具的9分满。

[烤制]

8. 在预热到200℃的烤箱内烤30分钟左右。连同模具一起从20cm左右的高处往下摔一下进行脱模，然后放在晾架上冷却。

五谷飘香的吐司面包

原料（1斤份·长方形[宽9.5×长20.8×高8.5cm]）

A┐高筋面粉……275g
 │砂糖……28g
 │脱脂奶粉……7g
 ┴盐……4g

速效干酵母……1茶匙（3g）

B┐水（参见P14的准备工作）……145g
 │牛奶（参见P14的准备工作）……25g
 ┴鸡蛋（室温）……10g

无盐黄油（参见P14的准备工作）……38g

切成厚厚的一片，从小山中间掰开，吃起来正是记忆中的口味。 我们家通常会拿它做成吐司披萨或者放上煎鸡蛋。

柔香吐司风圆顶吐司

（译者注：柔香吐司为山崎面包旗下的一款产品。）

我还记得小时候特别喜欢某面包公司的那款超软吐司。

为了做出口味接近的面包进行了不断的尝试，终于研究出了这个配方。

就算放上好几天依然那么柔软，是我们家平时常备的热门款！

制作方法

使用特高筋面粉就会膨胀得特别好。

[混合]

1. 将 A 中原料倒入碗里，用打蛋器搅匀。倒入酵母粉，进一步混合。加入 B 中原料后用手搅拌，让液体和粉末融合在一起。

[揉面·加入材料]

2. 将面团取出放在台面上。使用手掌根部推开面团。等面不再粘手粘台面之后，将面团擀成竖着的长方形，在靠近自己的一半上涂上黄油，用手将黄油和面团充分融合。等黄油融化后继续揉面（具体的揉面手法参照 P15）。

[第一次发酵]

3. 将面团滚圆后放入碗中，盖上保鲜膜之后放在温暖的地方等待其膨胀到 2~2.5 倍。

[分割 & 中间醒发]

4. 取出面团，用秤称重后分成 2 等份。将切口向里包起后滚圆，盖上湿毛巾后放置 10 分钟。

用秤称重时，先称整体的重量，然后除以份数后算出每份的重量。加减面调整重量的时候将面粘在切口处。

[排气 & 整形]

5. 将收口朝上放在台面上，用擀面杖一边排出气体一边将其擀成 20×16cm 的竖长方形（短边对应模具的长度）。从靠近自己的一侧开始卷起，然后捏紧收口。另一个也同样处理。

[第二次发酵]

6. 将面团的收口朝下并排放入模具中，盖上湿毛巾后在温暖的地方任其发酵到和模具一样高。

放面团的时候，将模具纵向放置，右边放上逆时针卷起的面团，左侧放上顺时针卷起的面团。

[烤制]

7. 将烤箱预热到 200℃，然后设定成 180℃，烤 30 分钟左右。连同模具一起从 20cm 左右的高处往下摔一下进行脱模，然后放在晾架上冷却。

将原料 A、B 和酵母按照说明书的指示放入机器，开始揉面后 8 分钟加入黄油。

第一次发酵完成后，跳到第 4 步继续。

可以自己进行改良的基础型面包

这款面包油脂和糖分适度，适合每天吃。做成简简单单的烤吐司片就很棒♪

英式面包

怎么吃都美味的英式面包。沿着山型的分界线撕开
就能看到丝绸一般细密的气孔，不自觉地就高兴起来。
好好享受小麦粉的原汁原味吧！

原料

(1斤份·长方形 [宽9.5× 长20.8× 高8.5cm])

A | 高筋面粉（或者特高筋面粉）……170g
准高筋面粉……80g
白砂糖……10g
脱脂奶粉……4g
盐……4g

速效干酵母……1茶匙（3g）
水（参见P14的准备工作）……154g
（如果使用国外进口高筋面粉则调整用量为 160g）
无盐黄油（参见P14的准备工作）……12g

制作方法

将面团分成3份塞入模具中,做出3个小山峰。

[混合]

1. 将A中原料倒入碗里,用打蛋器搅匀。倒入酵母粉,进一步混合。加入水后用手搅拌,让液体和粉末融合在一起。

[揉面·加入材料]

2. 将面团取出放在台面上。使用手掌根部推开面团。等面不再粘手粘台面之后,将面团擀成竖着的长方形,在靠近自己的一半上涂上黄油,用手将黄油和面团充分融合。等黄油融化后继续揉面（具体的揉面手法参照P15）。

[第一次发酵]

3. 将面团滚圆后放入碗中,盖上保鲜膜之后放在温暖的地方等待其膨胀到2~2.5倍。

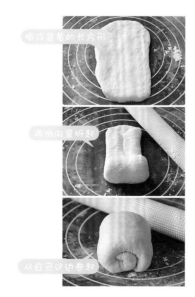

[分割 & 中间醒发]

4. 取出面团,用秤称重后分成3等份。将切口向里包起后滚圆,盖上湿毛巾后放置10分钟。

如果想要3个山峰的高度一致就要好好称重才行! 先称整体的重量, 然后除以份数后算出每份的重量。这里要让左右两个面团的重量相等,中间的面团稍微轻上5~10g。

[排气 & 整形]

5. 将收口朝上放在台面上,用擀面杖一边排出气体一边将其擀成15×12cm的竖长方形（短边对应模具的长度）。左右分别向内折起,在中间形成1cm的重叠部分（宽度和模具一致）。从靠近自己的一侧开始轻柔地卷起,然后捏紧收口。其余的面团也做同样的处理。

[第二次发酵]

6. 将面团的收口朝下并排放入模具中,盖上湿毛巾后在温暖的地方任其发酵到模具的9成高。

放面团的时候,将模具纵向放置,右边放上逆时针卷起的面团,左侧放上顺时针卷起的面团（中间的面团朝哪一边都可以·参考P61-7）。

[烤制]

7. 将烤箱预热到200℃烤30分钟左右。连同模具一起从20cm左右的高处往下摔一下进行脱模,然后放在晾架上冷却。

column

如果使用特高筋面粉,烤出来的样子会不一样

使用特高筋面粉（金帆/Golden Yacht牌）上面的山峰部分会特别饱满,看起来更有英式面包的样子。即使是同样的配方,不同的面粉烤出来的效果也会不一样,多做尝试也很有趣呢。

可以放心交给面包机,一直做到第一次发酵!

将原料A、水和酵母按照说明书的指示放入机器,开始揉面后8分钟加入黄油。

第一次发酵完成后,跳到第4步继续。

绵密丝滑
的口感让人
食指大动

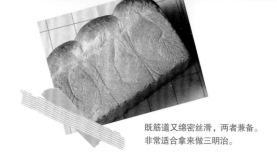

既筋道又绵密丝滑，两者兼备。
非常适合拿来做三明治。

入口即化牛奶山型吐司

可以把平时冰箱里老会剩下来的炼乳加到这款面包里。

入口即化，即使放了好几天也依然那么绵密。

一定要什么都不涂，先尝尝原味哦！

58

原料

（1斤份·长方形[宽9.5×长20.8×高8.5cm]）

A ┃ 高筋面粉……250g
┃ 白砂糖……10g
┃ 盐……3g

速效干酵母……1茶匙（3g）

B ┃ 牛奶（参见P14的准备工作）……100g
┃ （如果使用国外进口高筋面粉则调整用量为103g）
┃ 水（参见P14的准备工作）……70g
┃ （如果使用国外进口高筋面粉则调整用量为72g）
┃ 炼乳……30g

无盐黄油（参见P14的准备工作）……25g

制作方法

这个配方很容易上色，务必留意不要烤焦了！

[混合]

1. 将 A 中原料倒入碗里，用打蛋器搅匀。倒入酵母粉，进一步混合。加入 B 中原料后用手搅拌，让液体和粉末融合在一起。

[揉面]

2. 将面团取出放在台面上。使用手掌根部推开面团。等面不再粘手粘台面之后，将面团擀成竖着的长方形，在靠近自己的一半上涂上黄油，用手将黄油和面团充分融合。等黄油融化后继续揉面（具体的揉面手法参照P15）。

[第一次发酵]

3. 将面团滚圆后放入碗中，盖上保鲜膜之后放在温暖的地方等待其膨胀到2~2.5倍。

[分割 & 中间醒发]

4. 取出面团，用秤称重后分成3等份。将切口向里包起后滚圆，盖上湿毛巾后放置10分钟。

称重的时候先称整体的重量，然后除以份数后算出每份的重量。这里要让左右两个面团的重量相等，中间的面团稍微轻上5~10g。

[排气 & 整形]

5. 将收口朝上放在台面上，用擀面杖一边排出气体一边将其擀成15×12cm的竖长方形（短边对应模具的长度）。左右分别向内折起，在中间形成1cm的重叠部分（宽度和模具一致）。从靠近自己的一侧开始轻柔地卷起，然后捏紧收口。其余的面团也做同样的处理。（折叠的方法参考P57-5）

[第二次发酵]

6. 将面团的收口朝下并排放入模具中，盖上湿毛巾后在温暖的地方任其发酵到模具的9成高。

放面团的时候，将模具纵向放置，右边放上逆时针卷起的面团，左侧放上顺时针卷起的面团（中间的面团朝哪一边都可以·参考P61-7）。

[烤制]

7. 将烤箱预热到190℃烤30分钟左右。连同模具一起从20cm左右的高处往下摔一下进行脱模，然后放在晾架上冷却。

因为很容易上色，如果感觉要烤焦了，可以中途盖上锡纸。

将原料 A、B 和酵母按照说明书的指示放入机器，开始揉面后8分钟加入黄油。

第一次发酵完成后，跳到第 4 步继续。

可可粉＋巧克力豆，嗜甜星人的福音

巧克力满满山型吐司

在巧克力味的面团里混上巧克力豆，制成这款全是巧克力的山型面包。早上吃一片可以立刻提升血糖让人精力充沛! 当点心吃也很方便，推荐家中常备。

原料

（1斤份·长方形 [宽9.5× 长20.8× 高8.5cm]）

A ┌ 高筋面粉……237g
　├ 白砂糖……20g
　├ 可可粉（无糖）……13g
　└ 盐……3g

速效干酵母……1茶匙（3g）

牛奶（参见P14的准备工作）……180g
　（如果使用国外进口高筋面粉则调整用量为190g）

无盐黄油（参见P14的准备工作）……20g

巧克力豆……60g

我最喜欢切片后充分烤过，等巧克力豆都融化了再吃♪

制作方法

在整形的时候加入巧克力豆。

[混合]

1. 将 A 中原料倒入碗里，用打蛋器搅匀。倒入酵母粉，进一步混合。加入牛奶后用手搅拌，让液体和粉末融合在一起。

[揉面]

2. 将面团取出放在台面上。使用手掌根部推开面团。等面不再粘手粘台面之后，将面团擀成竖着的长方形，在靠近自己的一半上涂上黄油，用手将黄油和面团充分融合。等黄油融化后继续揉面（具体的揉面手法参照 P15）。

[第一次发酵]

3. 将面团滚圆后放入碗中，盖上保鲜膜之后放在温暖的地方等待其膨胀到 2~2.5 倍。

[分割 & 中间醒发]

4. 取出面团，用秤称重后用切面刀分成 3 等份。将切口向里包起后滚圆，盖上湿毛巾后放置 10 分钟。

称重的时候先称整体的重量，然后除以份数后算出每份的重量。这里要让左右两个面团的重量相等，中间的面团稍微轻上 5~10g。

[排气 & 整形]

5. 将收口朝上放在台面上，用擀面杖一边排出气体一边将其擀成 15×12cm 的竖长方形，撒上 1/6 的巧克力豆。

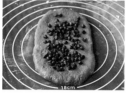

6. 左右分别向内折起，在中间形成 1cm 的重叠部分（宽度和模具一致）。再次撒上 1/6 的巧克力豆，从靠近自己的一侧开始轻柔地卷起后捏紧收口。其余的面团也做同样的处理。

[第二次发酵]

7. 将面团的收口朝下并排放入模具中，盖上湿毛巾后在温暖的地方任其发酵到模具的 9 成高。

放面团的时候，将模具纵向放置，右边放上逆时针卷起的面团，左侧放上顺时针卷起的面团（中间的面团朝哪一边都可以）。

[烤制]

8. 将烤箱预热到 200℃烤 30 分钟左右。连同模具一起从 20cm 左右的高处往下摔一下进行脱模，然后放在晾架上冷却。

将原料 A、牛奶和酵母按照说明书的指示放入机器，开始揉面后 8 分钟时加入黄油。

第一次发酵完成后，跳到第 4 步继续。

从里到外都松软的吐司

做给妹妹的三明治卷便当。只需要把面包片放在保鲜膜上，放上馅料后像卷寿司那样卷起来就行了！

我听说某品牌有一款雪白的吐司面包，就像店里卖的三明治用的面包那样又松又软特别好吃，就迫不及待地试做了一下！

加入了牛奶的面包带有一丝甘甜，内部的细孔细密柔滑，连面包边都松软。

我喜欢连面包边一起切成薄片后做成三明治卷。

原料

（1斤份·正方形［宽12× 长12× 高12cm］）

A┬ 高筋面粉……230g
　│ 低筋面粉……20g
　│ 白砂糖……17g
　│ 脱脂奶粉……8g
　└ 盐……3g

速效干酵母……1茶匙（3g）

牛奶（参见P14的准备工作）……180g
（如果使用国外进口高筋面粉则调整用量为192g）

无盐黄油（参见P14的准备工作）……20g

制作方法

最重要的就是要用低温烘焙，不让表面上色！

［混合］

1. 将 A 中原料倒入碗里，用打蛋器搅匀。倒入酵母粉，进一步混合。加入牛奶后用手搅拌，让液体和粉末融合在一起。

［揉面］

2. 将面团取出放在台面上。使用手掌根部推开面团。等面不再粘手粘台面之后，将面团擀成竖着的长方形，在靠近自己的一半上涂上黄油，用手将黄油和面团充分融合。等黄油融化后继续揉面（具体的揉面手法参照P15）。

［第一次发酵］

3. 将面团滚圆后放入碗中，盖上保鲜膜之后放在温暖的地方等待其膨胀到2~2.5倍。

［中间醒发］

4. 将面团放在台面上滚圆，盖上湿毛巾后放置10分钟。

［排气 & 整形］

5. 将收口朝上放在台面上，用擀面杖一边排出气体一边将其擀成25×20cm的竖长方形。将左右分别向内折起，在中间形成1cm的重叠部分（宽度和模具一致）。

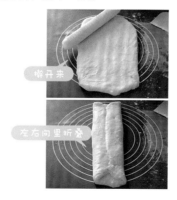

6. 从靠近自己的一侧开始轻柔地卷起后捏紧收口。

［第二次发酵］

7. 将面团的收口朝下放入模具中，盖上湿毛巾后在温暖的地方任其发酵到模具的8~9成高。

收口朝下

［烤制］

8. 盖上模具的盖子，将烤箱预热到180℃然后设定成160℃烤15分钟，再设定成150℃继续烤15分钟。连同模具一起从20cm 左右的高处往下摔一下进行脱模，然后放在晾架上冷却。

可以放心交给面包机，一直做到第一次发酵！

将原料 A、牛奶和酵母按照说明书的指示放入机器，开始揉面后8分钟加入黄油。

第一次发酵完成后，跳到第 4 步继续。

原料（1斤份·长方形 [宽9.5×长20.8×高8.5cm]）

A ┌ 高筋面粉……220g
　│ 全麦粉……30g
　│ 白砂糖……20g
　│ 脱脂奶粉……10g
　└ 盐……3g

速效干酵母……1茶匙（3g）

水（参见P14的准备工作）……155g
　　（如果使用国外进口高筋面粉则调整用量为
　　160g）

无盐黄油（参见P14的准备工作）……20g

B ┌ 核桃（稍微炒过后微微碾碎）……65g
　└ 红豆（小粒的）……60g

核桃红豆吐司

面团中加入了全麦粉、核桃和红豆。
不仅麦香浓郁还口感绵密，大受好评。
和前一页上介绍的白色方吐司无论从外形、
色泽还是口感上都截然不同。
欢迎来到丰富多彩的吐司世界！

制作方法

过度揉面会压碎的核桃和红豆，只要均匀混合就好。

[混合]

1. 将 A 中原料倒入碗里，用打蛋器搅匀。倒入酵母粉，进一步混合。加入水后用手搅拌，让液体和粉末融合在一起。

[揉面·加入材料]

2. 将面团取出放在台面上。使用手掌根部推开面团。等面不再粘手粘台面之后，将面团擀成竖着的长方形，在靠近自己的一半上涂上黄油，用手将黄油和面团充分融合。等黄油融化后继续揉面（具体的揉面手法参照 P15）。

3. 即将完成揉面的时候，将面团压平，放入 B 中原料后揉均匀。

[第一次发酵]

4. 将面团滚圆后放入碗中，盖上保鲜膜之后放在温暖的地方等待其膨胀到 2~2.5 倍。

[分割 & 中间醒发]

5. 取出面团，用秤称重后用切面刀分成 2 等份。将切口向里包起后滚圆，盖上湿毛巾后放置 10 分钟。

用秤称重时，先称整体的重量，然后除以份数后算出每份的重量。加减调整重量的时候将面粘在切口处。

均匀地分割

[排气 & 整形]

6. 将收口朝上放在台面上，用擀面杖一边排出气体一边将其擀成 20×13cm 的竖长方形。将左右分别向内折起（宽度和模具一致）。从靠近自己的一侧开始卷起后捏紧收口。

左右向里折叠

从自己面前开始卷起！

18cm
21cm

21cm

如果发酵得到位，在面包的边角上会出现叫作"White Line"的白线。推荐切片后做成烤吐司，抹上蜂蜜和黄油享用。

[第二次发酵]

7. 将面团的收口朝下放入模具中，盖上湿毛巾后在温暖的地方任其发酵到模具的 8~9 成高。

放面团的时候，将模具横向放置，右边放上逆时针卷起的面团，左侧放上顺时针卷起的面团（参考 P55-6 的图片）。

[烤制]

8. 盖上模具的盖子，在预热到 200℃ 的烤箱中烤 30 分钟左右。连同模具一起从 20cm 左右的高处往下摔一下进行脱模，然后放在晾架上冷却。

可以放心交给面包机，一直做到第一次发酵！

将原料 A、水和酵母按照说明书的指示放入机器，开始揉面后 8 分钟加入黄油，揉面快要结束的时候加入原料 B。

第一次发酵完成后，跳到第 5 步继续。

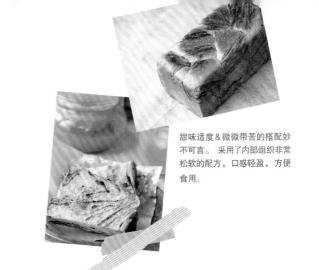

甜味适度&微微带苦的搭配妙不可言。采用了内部组织非常松软的配方，口感轻盈，方便食用。

大理石纹抹茶吐司

烤成之后特别可爱的大理石纹面包。
先做出抹茶片后与面团一起折叠3次进行混合，
最后再用三股辫的方法编起来。可想而知操作起来还是颇费工夫的。
即便如此，为了这可爱的外形和出众的口味，还是忍不住要挑战一下！
家里人一定会吃得停不下来，作为点心非常值得一试呢♪

原料

（1斤份·长方形 [宽 9.5× 长 20.8× 高 8.5cm] ）

■抹茶片

牛奶……65g

抹茶粉……6g

A ┌ 白砂糖……25g

　├ 高筋面粉……7g

　└ 玉米淀粉……7g

无盐黄油……7g

■面团

B ┌ 高筋面粉……170g

　├ 低筋面粉……30g

　├ 白砂糖……20g

　├ 脱脂奶粉……10g

　└ 盐……3g

速效干酵母……2/3茶匙（2g）

水（参见P14的准备工作）……123g

　（如果使用国外进口高筋面粉则调整用量

　为128g）

无盐黄油（参见P14的准备工作）……13g

将原料 B、水和酵母按照说明书的指示
放入机器，开始揉面后8分钟加入黄油。

第一次发酵完成后，跳到第 7 步继续。

制作方法

面团的重量略少于普通 1 斤面包的重量，做出
来的面包更松软。

[制作抹茶片]

1. 将牛奶倒入耐热的碗中，在微波炉
里加热1分钟。取出后加入抹茶粉，充
分搅拌。

使用过的打蛋
器要好好洗干
净并晾干后再
继续之后的
步骤。

2. 将原料 A 放入另一个碗里，用打蛋
器搅拌均匀，倒入1中再次搅拌。盖
上保鲜膜后在微波炉中加热30秒，然
后仔细搅匀。重复三次加热→搅匀的
步骤。

3. 等原料变得黏稠之后加入黄油搅匀，
倒在保鲜膜上包成12cm 见方的正方
形。等微微冷却一些之后放入冰箱冷
藏凝固。

[混合面团]

4. 将 B 中原料倒入碗里，用打蛋器搅
匀。倒入酵母粉，进一步混合。加入
水后用手搅拌，让液体和粉末融合在
一起。

[揉面]

5. 面团取出放在台面上。使用手掌根
部推开面团。等面不再粘手粘台面之
后，将面团搋成竖着的长方形，在靠
近自己的一半上涂上黄油，用手将黄
油和面团充分融合。等黄油融化后继
续揉面（具体的揉面手法参照 P15）。

[第一次发酵]

6. 将面团滚圆后放入碗中，盖上保鲜
膜之后放在温暖的地方等待其膨胀到
2~2.5倍。

[中间醒发]

7. 取出面团放到台面上滚圆，盖上湿
毛巾后放置10分钟。

▶ P68 继续

[排气 & 折叠 & 整形]

8. 将收口朝上放在台面上，用擀面杖一边排出气体一边将其擀成16cm见方的正方形。在中间斜着放上抹茶片。

放上抹茶片！

9. 将四边向内折起，捏紧收口。用擀面杖将面团和抹茶片压实并擀成长条，然后折三折。盖上湿毛巾，让面团休息5分钟。

如果跳过休息时间，勉强摆弄面团会使面团破裂露出抹茶层。务必要注意！

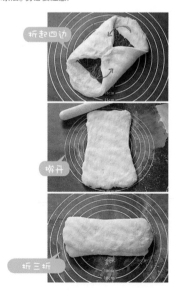

折起四边

擀开

折三折

10. 将面团旋转90度擀成竖长条后再次折三折，盖上湿毛巾再次休息5分钟。然后再重复一次旋转90度折三折的步骤。

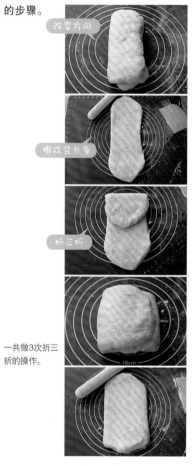

改变方向

擀成竖长条

折三折

一共做3次折三折的操作。

11. 用擀面杖将面团擀成20cm长（与模具的长度一致），从距离上端1cm的部分开始用切面刀切开2条长口子。编成三股辫的样子，捏紧末端。

[第二次发酵]

12. 将面团放入模具中，盖上湿毛巾后在温暖的地方任其发酵到模具的8~9成高。

[烤制]

13. 盖上模具的盖子，在预热到200℃的烤箱中烤30分钟左右。连同模具一起从20cm左右的高处往下摔一下进行脱模，然后放在晾架上冷却。

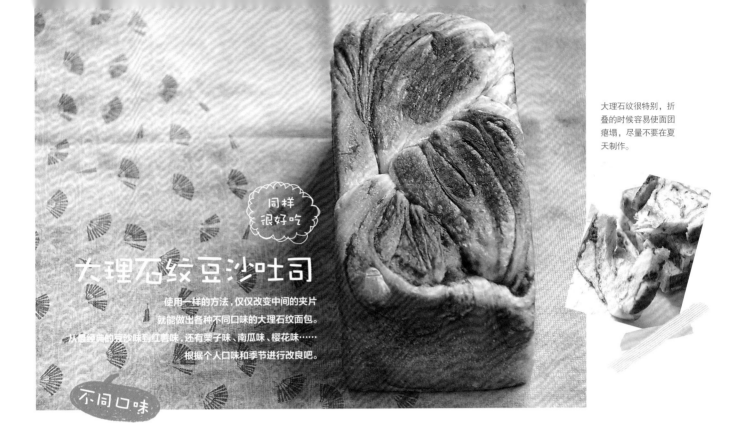

大理石纹很特别，折叠的时候容易使面团瘪塌，尽量不要在夏天制作。

同样很好吃

大理石纹豆沙吐司

使用一样的方法，仅仅改变中间的夹片就能做出各种不同口味的大理石纹面包。

从最经典的豆沙味到红薯味，还有栗子味、南瓜味、樱花味……根据个人口味和季节进行改良吧。

不同口味

原料

（1斤份·长方形 [宽 9.5× 长 20.8× 高 8.5cm]）

■夹片

豆沙（粗豆沙细豆沙都可以）……100g

A ┌ 高筋面粉……7g
　└ 玉米淀粉……7g

水……20g

无盐黄油……7g

■面团

B ┌ 高筋面粉……170g
　│ 低筋面粉……30g
　│ 白砂糖……13g
　│ 脱脂奶粉……10g
　└ 盐……3g

速效干酵母……2/3茶匙（2g）

水（参见P14的准备工作）……123g

　（如果使用国外进口高筋面粉则调整用量为128g）

无盐黄油（参见P14的准备工作）……13g

夹片的制作方法

1. 将 A 中原料倒入耐热的碗中，用打蛋器搅匀。一点点加入水充分搅拌，然后加入豆沙再次搅匀。

2. 盖上保鲜膜后在微波炉中加热30秒，然后仔细搅匀。重复3~4次加热→搅匀的步骤。

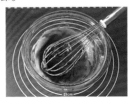

3. 等原料变得黏稠之后加入黄油搅匀，倒在保鲜膜上包成12cm见方的正方形。等微微冷却一些之后放入冰箱冷藏凝固。

之后按照P67的4~P68的13制作▶

推荐！

自制果酱&面包酱

一边烤面包一边试试自制果酱和面包酱吧。只要煮一下或是搅拌一下就可以了，特别简单！
不仅可以涂在面包上，还可以用作馅料改变面包的口味呢。

腌海鲜面包酱

腌海鲜作为拌饭酱或是下酒菜向来很受欢迎，其
实和面包也很相配，尤其是有嚼劲的面包。不妨
试一下和烤过的吐司片或是硬面包搭配食用。

原料（约做1/2杯）

A[奶油奶酪（室温）10g 无盐黄油（室
温）7g] B[腌海鲜3汤匙 蛋黄酱1
汤匙]

制作方法

将原料 A 放入碗中，用打蛋器搅
拌成稠滑的奶油状。倒入原料 B，
用刮刀搅拌均匀。

牛油果蘸酱

不仅是喜欢牛油果的人，就连不喜欢的人也能享
用的一款蘸酱。可以替代其他油脂涂在三明治的
面包上，也可以拿来做开放式三明治。

原料（约做1杯）

牛油果（去皮去核）1个 A[蛋黄酱1又
1/2汤匙 酸奶（无糖）1/2汤匙 白砂
糖·柠檬汁·醋各1茶匙] 盐·胡椒适量

制作方法

将牛油果和原料 A 在食品粉碎机
中（也可以用擂钵或是打蛋器）打
碎并搅拌至稠滑。取出后加入盐
和胡椒进行调味。

芝士蛋糕面包酱

在奶油奶酪中加入柑橘系口味的啤酒后搅拌成
芝士蛋糕风味的面包酱。可以直接涂在面包上，
也可以用作甜面包或是百吉圈的馅料。

原料（约做1/2杯）

奶油奶酪（室温）50g 白砂糖15g
柠檬味啤酒（或者橘子味啤酒）7g

制作方法

将奶油奶酪放入碗中，用打蛋器搅
拌成稠滑的奶油状。加入白砂糖后
继续搅拌，等没有颗粒之后加入
柠檬啤酒，用刮刀继续搅匀。

黄瓜酱

我觉得黄瓜做成酱比新鲜的时候更好吃也更方便。可以直接涂在面包上，也可以用作甜面包的馅料。

原料（约做1/2杯）

黄瓜（切成1cm见方的小块）100g　白砂糖30g　柠檬汁1/2汤匙

制作方法

1. 把所有的原料都放进小锅中，稍微搅拌一下，放1个小时。

2. 将1放在中小火上慢煮，一边撇去浮沫一边快速地搅拌，直到将水分煮干。

罐头柿子

果肉厚实的柿子与朗姆葡萄干搭配出成熟的口味。推荐与生火腿和奶油奶酪搭配做成开放式三明治。

原料（约做1杯）

柿子（切成2cm见方的小块）200g　白砂糖40g　葡萄干40g　A[朗姆酒1汤匙　柠檬汁1/2汤匙]

制作方法

1. 将葡萄干在热水中浸入10秒左右泡软。用厨房纸仔细拍干水分。

2. 将柿子和白砂糖放入小锅中搅拌均匀，放置1个小时（如果是熟透的柿子可以不用放）。

3. 将葡萄干倒入2中，开小火，一边搅拌一边煮10分钟。等变黏稠之后加入A中原料，煮沸后关火。

核桃黄油酱

核桃和杏仁又好吃又能补充维生素E。不仅能做面包或甜点，还可以用在凉菜中。如果使用含盐黄油则可以省去盐。

原料（约做1杯）

核桃（轻微炒过）70g　杏仁（轻微炒过）30g　A[无盐黄油（室温）35g　枫树糖浆30g　盐1g]

制作方法

1. 用食品粉碎机（可以处理坚果的型号）将核桃和杏仁打碎到出油。

2. 加入A中原料，搅拌均匀。

硬面包

基本掌握了面包的制作方法后就可以挑战家庭烘焙中最难
也是最让人向往的硬面包了！要想划出好看的割纹或是
做出大小交错的气孔，都需要在揉面的时候做到恰到好处。
多揉一点少揉一点都不行！

原料（可做3个）

A┌ 准高筋面粉（或者高筋面粉）……200g
  │ （高筋面粉和低筋面粉各100g也可以）
  │ 白砂糖……5g
  └ 盐……3g
速效干酵母……2/3茶匙（2g）
B┌ 水（参见P14的准备工作）……128g
  │ （如果使用高筋面粉则调整用量为120g）
  └ 橄榄油……5g
奶油奶酪（室温）……60g
熏牛肉……30g
高筋面粉……适量

制作方法

切割时使用剪刀，因此很适合初学者。

[混合]

1. 将 A 中原料倒入碗里，用打蛋器搅
匀。倒入酵母粉，进一步混合。加入 B
中原料后用手搅拌，让液体和粉末融
合在一起。

[揉面]

2. 将面团取出放在台面上。使用手掌
根部推开面团然后收回聚拢，不断改
变方向重复这一动作。等面不再粘手
粘台面之后揉成团。

口味富有层次,让
人欲罢不能! 拧下
麦穗大饱口福吧。

熏牛肉麦穗面包

这款麦穗面包中加入了熏牛肉和奶油奶酪,熏牛肉带有浓郁的胡椒和香料的香味。
口味浓重,很适合大人。整形时只需要用剪刀剪开就行了。
不需要用到割纹刀,因此很适合第一次接触硬面包的初学者。

[第一次发酵]

3. 将面团滚圆后放入碗中,盖上保鲜膜之后放在温暖的地方等待其膨胀到2~2.5倍。

[分割 & 整形]

4. 取出面团放到台面上,用切面刀切成3份。将切口向里包起后滚圆,盖上湿毛巾后放置10分钟。

5. 将面团擀成6×20cm 的横长条,依次在靠近自己的一边放上1/3的奶油奶酪和熏牛肉。从靠近自己的一侧开始卷起后压紧收口。将面滚搓成30cm长。剩下的两个也做同样处理。

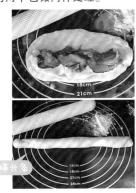

滚搓成横长条

[第二次发酵]

6. 在烤盘上垫上油纸或油布,将面团的收口朝下均匀地排列在烤盘上。盖上湿毛巾后在温暖的地方任其发酵到1.5~2倍大小。。

[剪切口]

7. 用面粉筛撒上一些高筋面粉。用水湿润厨房剪的刀刃,在面团上剪出切口(只在下面留下一点点保持连接),摆动剪刀将剪开的面团错开摆放。一条面团上剪出7~9个口,摆成左右交错的样子。

剪刀的角度相对
平行于面团

摆开成麦穗
的样子

[烤制]

8. 在预热到230℃的烤箱中烤15~20分钟。取出后放在晾架上冷却。

烤得金黄香脆的麦穗尖
正是麦穗面包的精华所
在。要好好烤到上色!

让面包机只做完
揉面步骤
就可以了!

将原料 A、B 和酵母按照说明书的指示放入机器,开始揉面5分钟后停止。

取出面团后跳到第3步继续。

巧克力豆
辫子硬面包

因为硬面包一般都偏硬而且不甜，
所以这款面包就加入了巧克力豆。
外形是可爱的三股辫，咬下去却相当硬，
非常有嚼劲。
也是我特别喜欢的口感！

硬面包还做成辫子形状，
是不是很意外呢？放了
很多巧克力豆，嗜甜星
人一定会很高兴的！

74

原料（可做6个）

A│ 准高筋面粉（或者高筋面粉）……250g
  （高筋面粉和低筋面粉各125g也可以）
  白砂糖……6g
  盐……3g
速效干酵母……1茶匙（3g）
水（参见P14的准备工作）……160g
（如果使用高筋面粉则调整用量为150g）
巧克力豆……50g
高筋面粉……适量

制作方法

编成三股辫之后口感会更有嚼劲。

[混合]

1. 将 A 中原料倒入碗里，用打蛋器搅匀。倒入酵母粉，进一步混合。加入水后用手搅拌，让液体和粉末融合在一起。

[揉面·加入材料]

2. 将面团取出放在台面上。使用手掌根部推开面然后收回聚拢，不断改变方向重复这一动作。等面不再粘手粘台面之后加入巧克力豆并混合均匀。

[第一次发酵]

3. 将面团滚圆后放入碗中，盖上保鲜膜之后放在温暖的地方等待其膨胀到2~2.5倍。

[分割 & 整形]

4. 把面团放到台面上压成圆饼，用切面刀分成6份。将切口向里包起后滚圆。

5. 用双手将面团搓成20cm的长条，从距离上端1cm的部分开始用切面刀切开2条长口子。编成三股辫的样子，捏紧末端。

[第二次发酵]

6. 在烤盘上垫上油纸或油布，将面团的收口朝下均匀地排列在烤盘上。盖上湿毛巾后在温暖的地方任其发酵到1.5~2倍大小。

[烤制]

7. 用面粉筛撒上高筋面粉，在预热到230℃的烤箱中烤20分钟左右。取出后放在晾架上冷却。

让面包机只做完揉面步骤就可以了！

将原料 A、水和酵母按照说明书的指示放入机器，开始揉面5分钟后加入巧克力豆，再揉一分钟后停止。

取出面团后跳到第3步继续。

朗姆酒渍
干果的
香气扑鼻

朗姆干果面包

适合送给成年朋友！多汁的朗姆干果搭配香酥的坚果
以及奶油奶酪，恰到好处的绝妙口味。
最难的应该还是S形的整形，拧得不到位会还原成棒状，
拧得太过又容易断，务必要掌握好力度！

加入了大量的朗姆干
果，很受成年朋友的欢
迎！搭配红酒享用也很
不错。

原料（可做4个）

A ┌ 准高筋面粉（或者高筋面粉）……200g
  │   （高筋面粉和低筋面粉各100g也可以）
  │ 全麦粉……30g
  │ 黑麦粉……20g
  │ 黑糖……10g
  └ 盐……4g
速效干酵母……1茶匙（3g）
水（参见P14的准备工作）……140g
  （如果使用高筋面粉则调整用量为131g）
B ┌ 朗姆酒渍干果
  │   （用沥勺沥干水分）……100g
  │ 自己喜欢的坚果
  │   （核桃、杏仁、开心果等稍微炒过后
  └   微微碾碎）……50g
奶油奶酪（室温）……100g
高筋面粉……适量

制作方法

放入干果之后就不要再大力揉面了，如果把水分挤出来面团会很难操作。

[混合]

1. 将 A 中原料倒入碗里，用打蛋器搅匀。倒入酵母粉，进一步混合。加入水后用手搅拌，让液体和粉末融合在一起。

[揉面·加入材料]

2. 将面团取出放在台面上。使用手掌根部推开面团然后收回聚拢，不断改变方向重复这一动作。等面不再粘手粘台面之后加入 B 中原料并混合均匀。

[第一次发酵]

3. 将面团滚圆后放入碗中，盖上保鲜膜之后放在温暖的地方等待其膨胀到2~2.5倍。

放入朗姆酒渍干果之后发酵速度会受到影响，因此要延长发酵时间。

[分割 & 整形]

4. 把面团放到台面上压成圆饼，用切面刀分成4份。将切口向里包起后滚圆。

分成4份

滚圆

5. 将面团擀成7×20cm的横长方形，在靠近自己的一边放上1/4的奶油奶酪，从靠近自己的这边开始将面团卷成棒状，卷得紧一些，然后轻轻捏紧收口。一边拧转一边将面弯成反相的S形。其他几个面团也做同样的处理。

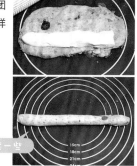

卷得紧一些

弯成反相的S形

[第二次发酵]

6. 在烤盘上垫上油纸或油布，将面团的收口朝下均匀地排列在烤盘上。盖上湿毛巾后在温暖的地方任其发酵到1.5~2倍大小。

[烤制]

7. 用面粉筛撒上高筋面粉，在预热到230℃的烤箱中烤7分钟，然后设定成200℃再烤15分钟左右。取出后放在晾架上冷却。

让面包机只做完揉面步骤就可以了！

将原料 A、水和酵母按照说明书的指示放入机器，开始揉面5分钟后停止。

**取出面团后加入 B 中原料，
然后跳到第3步继续。**

用家里现有的材料
做法式长棍

别人常说做法棍需要专用的面粉，
但是专用面粉又不是每家都囤好的。因此我花了不少工夫
研究出了用高筋面粉和低筋面粉混合来替代的配方。
在食谱网站发布后有1500人都进行了试做，
可谓是我引以为傲的配方，希望各位读者也能尝试一下！

引以为傲
的专业
品质

虽然气场和口味还是比
不上专用面粉的效果，
但是绝对不会失败。

原料（可做1个）

A｜外国进口高筋面粉……65g
　｜低筋面粉……65g
　｜麦芽粉（有的话）……2g
　｜盐……2g
速效干酵母（可以减少一点）……1/2茶匙（1.5g）
水（参见P14的准备工作）……85g
　（如果使用国产高筋面粉则调整用量为80g）
高筋面粉·橄榄油（色拉油也可以）……各适量

制作方法

只需要混合一下面团，直接进入发酵阶段。

[混合]

1. 将 A 中原料倒入碗里，用打蛋器搅
匀。倒入酵母粉，进一步混合。加入
水后用手搅拌，让液体和粉末融合在
一起。

到可以揉成面团
的程度就ok

[第一次发酵]

2. 将面团滚圆后放入碗中，盖上保鲜
膜之后放在温暖的地方。

如果使用的酵母粉少于1/4茶匙，待发酵开始后30
分钟，折叠面团（参照 P79–3）后重新滚圆，继续
发酵。直到面团膨胀到2倍大小后继续步骤3。

3. 等面团膨胀到2倍大后，折叠面团（将面团像叠手绢那样轻柔地折四折）后再次滚圆，将收口朝下放入碗中。再次盖上保鲜膜，继续让其发酵到2.5倍大小。

在发酵过程中折叠面团能排走中间的气体，增强面筋加大发酵的力度。

[中间醒发]

4. 重新滚圆面团，盖上湿毛巾后静置15分钟。

[整形 & 第二次发酵]

5. 将面团收口朝上放到台面上，如果看见比较大的气孔就用手轻轻拍掉。用手将面团摊开成21cm见方的正方形。将下边和上边依次向内折起6cm，在中间形成3cm左右的重叠部分。

6. 以重合的3cm为中心，再次将下边和上边依次向内折起，用手掌压紧收口。将面团搓成粗细均匀，长度能放进烤盘的长条形（越长越好）。

7. 将面团放在撒了高筋粉的帆布垫上，用晾衣夹夹起帆布垫的两端，放在温暖的地方等待面团发酵到1.5~2倍大小。将烤盘放入烤箱，开始将烤箱预热到230℃（有条件的话可以设置成250℃甚至300℃）。

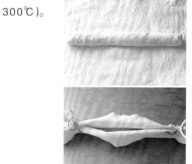

column
等熟练之后可以逐渐减少酵母粉的量

虽然减少了酵母粉之后的发酵时间会变长，但是能保留小麦粉本身的甜味和口感，同时更容易形成气泡！等熟练之后可以尝试只用1/4茶匙或是1/8茶匙的酵母粉。如果是能熟练制作硬面包的人可以尝试用1/16茶匙来制作。

[划出割纹]

8. 将面团放在油纸或油布上，用面粉筛撒上高筋面粉。横着拿小刀，在面团表面像削薄片那样划出纵向的割纹。在开口处滴上橄榄油。

一定要使用锋利的小刀！如果划割纹的时候面团有瘪塌，那就是二次发酵的时间过长。

[烤制]

9. 将面团放入预热到230℃的烤箱中烤20分钟（预热到250℃的情况下先烤8分钟，然后设定成230℃再烤10分钟。预热到300℃的情况下则先烤5分钟，然后设定成230℃烤10分钟）。取出后放在晾架上冷却。

如果烤箱带蒸汽功能，最开始的10分钟可以使用蒸汽功能焙烤。

让面包机只做完揉面步骤就可以了！

将原料A、水和酵母按照说明书的指示放入机器，开始揉面3分钟后停止。

取出面团后跳到第2步继续。

香浓的芝麻！可以做佐酒小食

用好吃的盐做芝麻法式长棍

学会了做法棍之后就可以挑战其他不同口味的品种了！

在表面撒上盐后味道更浓郁也更加美味♪

盐的口味会大大影响面包的口味，

因此务必要使用好吃的盐哦！

原料（可做1个）

A ┌ 准高筋面粉（或者高筋面粉）……130g
  │   （高筋面粉和低筋面粉各65g也可以）
  │ 熟黑芝麻……6g
  │ 熟白芝麻……4g
  │ 麦芽粉（有的话）……2g
  └ 盐……2g

速效干酵母（可以减少一点）……1/2茶匙（1.5g）

水（参见P14的准备工作）……88g

  （使用高筋面粉则调整用量为83g）

高筋面粉·橄榄油（色拉油也可以）·岩盐……各适量

制作方法

在P78-79的法棍基础上的改良。一起来烤这款香浓的面包吧!

[混合]

1. 将 A 中原料倒入碗里,用打蛋器搅匀。倒入酵母粉,进一步混合。加入水后用手搅拌,让液体和粉末融合在一起。

熟练之后可以尝试减少酵母粉的量(参考 P79的专栏)。进阶读者可以尝试用1/16茶匙来制作。

[第一次发酵]

2. 将面团滚圆后放入碗中,盖上保鲜膜之后放在温暖的地方。

如果使用的酵母粉较少则参照 P78-2。

3. 等面团膨胀到2倍大后,折叠面团(将面团像叠手绢那样轻柔地折四折)后再次滚圆,将收口朝下放入碗中。再次盖上保鲜膜,继续让其发酵到2.5倍大小。

可以佐餐或佐酒,夹着生火腿做成美味的三明治也很棒。

[中间醒发]

4. 重新滚圆面团,盖上湿毛巾后静置15分钟。

[整形]

5. 将面团收口朝上放到台面上,如果看见比较大的气孔就用手轻轻拍掉。用手将面团摊开成21cm 见方的正方形。将下边和上边依次向内折叠6cm,在中间形成3cm 左右的重叠部分。

6. 以重合的3cm 为中心,再次将下边、上边依次向内折起,用手掌压紧收口。将面团搓成粗细均匀,长度能放进烤盘的长条形(越长越好)。

[第二次发酵]

7. 将面团放在撒了高筋粉的帆布垫上,用晾衣夹夹起帆布垫的两端,放在温暖的地方等待面团发酵到1.5~2倍大小。将烤盘放入烤箱,开始将烤箱预热到230℃。

[划出割纹]

8. 将面团放在油纸或油布上,用面粉筛撒上高筋面粉。横着拿小刀,在面团表面像削薄片那样划出纵向的割纹。在开口处滴上橄榄油,撒上岩盐。

划割纹的手法参照
P79-8。

[烤制]

9. 将面团放入预热到230℃的烤箱中烤20分钟。取出后放在晾架上冷却。

如果烤箱带蒸汽功能或是可以高温烘焙,参照P79-9。

让面包机只做完揉面步骤就可以了!

将原料 A、水和酵母按照说明书的指示放入机器,开始揉面3分钟后停止。

取出面团后跳到第2步继续。

能品尝到小麦
粉原汁原味的
极简风面包

法式乡村面包

一旦熟悉了硬面包就不能不尝试一次法式乡村面包。
不仅是发酵程度，气温和湿度也都会对面包产生影响，
因此制作时务必要留意。减少酵母粉虽然会延长
发酵时间，但是做出来的面包更好吃哦！

如果气泡能朝着割纹的方向分布
最为理想。这款配方非常简洁，
可以品尝到小麦粉的原汁原味。

原料

（用于直径20cm的藤篮，可做1个，也可以用间隔细
一些的筐）

A ┌ 准高筋面粉……200g
  │ 全麦粉……50g
  └ 盐……4g

水（参见P14的准备工作）……160g
　（使用高筋面粉则调整用量为152g）
速效干酵母
　（可以减少一点）……1茶匙（3g）
黑麦粉……适量

制作方法

熟练之后可以尝试减少酵母粉的量。

[混合]

1. 将 A 中原料倒入碗里，用打蛋器搅
匀。倒入酵母粉，进一步混合。加入
水后用手搅拌，让液体和粉末融合在
一起。

可以将酵母粉的量减到1/8茶匙。

[揉面]

2. 将面团取出放在台面上。使用手掌根部推开面团然后收回聚拢，不断改变方向重复这一动作。等面不再粘手粘台面之后聚拢成团。

[第一次发酵]

3. 将面团滚圆后放入碗中，盖上保鲜膜之后放在温暖的地方。

如果使用的酵母粉少于1/2茶匙，待发酵开始后30分钟，折叠面团后重新滚圆，继续发酵。直到面团膨胀到2倍大小后继续步骤4。

4. 等面团膨胀到2倍大后，折叠面团（将面团像叠手绢那样轻柔地折四折）后再次滚圆，将收口朝下放入碗中。再次盖上保鲜膜，继续让其发酵到2.5倍大小。

[中间醒发]

5. 重新滚圆面团，盖上湿毛巾后静置15分钟。

[整形]

6. 将面团收口朝上放到台面上，如果看见比较大的气孔就用手轻轻拍掉。用手将面团摊开成21×15cm的竖长方形。将下上两边向内折起，然后再将左右两边向内折起。

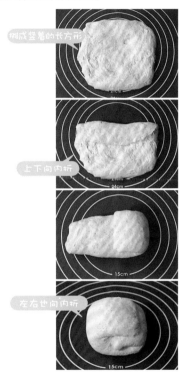

摊成竖着的长方形

上下向内折

左右也向内折

7. 将面团滚圆，捏紧收口。在藤篮中撒上足够的黑麦粉（如果使用篮筐则在里面垫上干燥的毛巾然后撒上面粉），将面团收口朝上放进去。

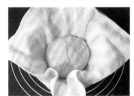

[第二次发酵]

8. 盖上湿毛巾，放在温暖的地方等待面团发酵到1.5~2倍大小。将烤盘放入烤箱，开始将烤箱预热到250℃（如果有可以放入烤箱的直径22cm、深度12cm以上的碗或是锅也可以一起放进去预热）。

锅或是碗可以隔离烤箱内的热风，防止干燥。

[划出割纹]

9. 将面团从藤篮中倒出，划出比较深的十字割纹。

竖起小刀，割纹约为2~3mm深。

[烤制]

10. 将面团放入预热到250℃的烤箱中烤10分钟，然后设定成230℃再烤20分钟左右。如果一同预热了碗或是锅，最初的10分钟盖上盖子，之后则取下盖子。取出后放在晾架上冷却。

如果烤箱带蒸汽功能则参照 P79-9。

让面包机只做完揉面步骤就可以了！

将原料A、水和酵母按照说明书的指示放入机器，开始揉面3分钟后停止。

取出面团后跳到第3步继续。

巧克力香蕉法式乡村面包

将香蕉揉进面里的甜味面包

只用水和面粉做出的原味面包很好吃，甜味的法式乡村面包也不错！
在面团中揉进香蕉，然后包裹上巧克力和核桃。
又棉滑又软糯，甜甜的特别香。推荐使用表皮已经全黑的熟透的香蕉。

原料

（用于直径20cm的藤篮，可做1个·也可以用间隔细一些的筐）

香蕉（熟透的）……净重100g

柠檬汁……6g

A｜ 准高筋面粉（或者高筋面粉）……250g
｜ 　（也可以高筋面粉和低筋面粉各125g）
｜ 盐……3g

速效干酵母（可以减少一点）……1茶匙（3g）

B｜ 牛奶（参见P14的准备工作）……94g
｜ 　（使用高筋面粉则调整用量为88g）
｜ 蜂蜜……6g

C｜ 核桃（稍微炒过后微微碾碎）……50g
｜ 巧克力豆……50g

高筋面粉……适量

准备工作

用叉子将香蕉碾碎后拌进柠檬汁。

让面包机只做完揉面步骤就可以了！

将原料 A、B、准备好的香蕉和酵母按照说明书的指示放入机器，开始揉面5分钟后停止。

取出面团后跳到第3步继续。

制作方法

选用熟透的香蕉。

[混合]

1. 将 A 中原料倒入碗里，用打蛋器搅匀。倒入酵母粉，进一步混合。加入 B 中原料、柠檬汁和香蕉后用手搅拌，让液体和粉末融合在一起。

可以将酵母粉的量减到1/8茶匙。

[揉面]

2. 将面团取出放在台面上。使用手掌根部推开面团然后收回聚拢，不断改变方向重复这一动作。等面不再粘手粘台面之后聚拢成团。

[第一次发酵]

3. 将面团滚圆放入碗中，盖上保鲜膜之后放在温暖的地方。

如果减少了酵母粉则参照 P83–3。

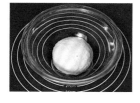

4. 等面团膨胀到 2 倍大后，折叠面团（将面团像叠手绢那样轻柔地折四折）后再次滚圆，将收口朝下放入碗中。再次盖上保鲜膜，继续让其发酵到 2.5 倍大小。

[中间醒发]

5. 重新滚圆面团，盖上湿毛巾后静置15分钟。

[整形·加入材料]

6. 将面团收口朝上放到台面上，如果看见比较大的气孔就用手轻轻拍掉。用手将面团摊开成15cm 见方的正方形，撒上1/2的 C 中原料。将下上两边向内折起后再撒上1/4的 C，然后再将左右两边向内折起，撒上剩下的 C。

先放上一半 C

上下向内折，放上 1/4 的 C

左右也向内折，放上剩下的 C

7. 将面团滚圆，捏紧收口。在藤篮中撒上较多的高筋面粉，将面团收口朝上放进去。

[第二次发酵]

8. 盖上湿毛巾，放在温暖的地方等待面团发酵到1.5~2倍大小。将烤盘放入烤箱，开始将烤箱预热到250℃（如果有可以放入烤箱的直径22cm、深度12cm 以上的碗或是锅也可以一起放进去预热）。

[划出割纹]

9. 将面团从藤篮中倒出，按自己喜欢的形状划出比较深的割纹。

[烤制]

10. 将面团放入预热到250℃的烤箱中烤10分钟，然后设定成230℃再烤13分钟左右。如果一同预热了碗或是锅，最初的10分钟盖上盖子，之后则取下盖子。取出后放在晾架上冷却。

如果烤箱带蒸汽功能则参照 P79–9。

务必要在香蕉中混上柠檬汁，维生素 C 对发酵和上色都很关键。

原料

（用于直径20cm的藤篮，可做1个·也可以用间隔细一些的筐）

A ⎡ 原味酸奶……100g
　⎣ 葡萄干……50g
B ⎡ 准高筋面粉（或者高筋面粉）……220g
　⎢ 　（也可以高筋面粉和低筋面粉各110g）
　⎢ 黑麦粉……30g
　⎣ 盐……4g
速效干酵母……1茶匙（3g）
C ⎡ 水（参见P14的准备工作）……75g
　⎢ 　（使用高筋面粉则调整用量为70g）
　⎣ 柠檬汁……5g
高筋面粉……适量

准备工作

将A中原料倒入碗中混合，盖上保鲜膜后在冰箱中冷藏一晚。取出后用叉子捞出葡萄干，和酸奶分离。

切开的一瞬间就能感受到扑鼻而来的酸奶的清香～可以涂上奶油奶酪一起吃。

加入酸奶后带有清爽的酸味

葡萄干黑麦面包

加入了黑麦的面包带有些许酸味，有的人可能会不习惯，
不过揉进了酸奶和葡萄干之后，口味就会柔和很多。
非常容易入口，面团操作起来也很容易，划割纹也不难。

制作方法

将葡萄干在酸奶中浸泡一晚后变得非常饱满多汁。

[混合]

1. 将 B 中原料倒入碗里，用打蛋器搅匀。倒入酵母粉，进一步混合。加入酸奶和 C 中原料后用手搅拌，让液体和粉末融合在一起。

可以将酵母粉的量减到1/8茶匙。

[揉面·加入材料]

2. 将面团取出放在台面上。使用手掌根部推开面团然后收回聚拢，不断改变方向重复这一动作。等面团不再粘手粘台面之后加入葡萄干，揉匀后聚拢成团。

[第一次发酵]

3. 将面团滚圆后放入碗中，盖上保鲜膜之后放在温暖的地方。

如果减少了酵母粉则参照 P83-3。

4. 等面团膨胀到2倍大后，折叠面团（将面团像叠手绢那样轻柔地折四折）后再次滚圆，将收口朝下放入碗中。再次盖上保鲜膜，继续让其发酵到2.5倍大小。

[中间醒发]

5. 重新滚圆面团，盖上湿毛巾后静置15分钟。

[整形]

6. 将面团收口朝上放到台面上，如果看见比较大的气孔就用手轻轻拍掉。用手将面团摊开成21×15cm的竖长方形。将下上两边向内折起，然后再将左右两边向内折起。

7. 将面团滚圆，捏紧收口。在藤篮中撒上足够多的高筋面粉（如果使用篮筐则在里面垫上干燥的毛巾然后撒上面粉），将面团收口朝上放进去（整形的要点参照 P83）。

[第二次发酵]

8. 盖上湿毛巾，放在温暖的地方等待面团发酵到1.5~2倍大小。将烤盘放入烤箱，开始将烤箱预热到230℃（如果有可以放入烤箱的直径22cm、深度12cm 以上的碗或是锅也可以一起放进去预热）。

[划出割纹]

9. 将面团从藤篮中倒出，按自己喜欢的形状划出比较深的割纹。

我用了橄榄叶形的格纹♪

[烤制]

10. 将面团放入预热到230℃的烤箱中烤25~30分钟。如果一同预热了碗或是锅，最初的10分钟盖上盖子，之后则取下盖子。取出后放在晾架上冷却。

如果烤箱带蒸汽功能，最开始的10分钟可以使用蒸汽功能焙烤。

让面包机只做完揉面步骤就可以了！

将原料 B、C、酵母和浸泡过葡萄干的酸奶按照说明书的指示放入机器，开始揉面5分钟后停止。

**取出面团后加入 B 中原料，
然后跳到第3步继续。**

筋道的口感让人上瘾

百吉圈

百吉圈筋道的口感让人百吃不厌。和其他面包不同,做百吉圈多出了一道水煮的工序,这也正是其独特口感的奥秘所在。初学者可以使用"绿卷"牌的专用高筋面粉,更容易成功。

原料（可做4个）

A | 国外进口高筋面粉……55g
  | 盐……3g

热水……30g

B | 国外进口高筋面粉……145g
  | 白砂糖……10g
  | 麦芽粉（有的话）……2g
  | 速效干酵母
  | ……1/2茶匙（1.5g）

水（参见P14的准备工作）……75g
  （使用国产高筋面粉则调整用量为70g）

C | 水……1000g
  | 蜂蜜（用白砂糖或者糖蜜也可以）……1汤匙

准备工作

准备4张10~15cm见方的油纸。

制作方法

百吉圈的水分较少,建议用手揉面。

[制作汤种]

1. 将 A 中原料倒入碗中,倒入热水。用筷子快速搅拌,不见粉末之后用手捏成团。

汤种百吉圈

将面粉和热水混合后放置一段时间，淀粉糊化之后就变成了"汤种"。

具有独特的甜味和糯糯的口感，特别好吃。

直接食用能品尝到面粉本身的甘甜，简单又美味。

2. 趁热包上保鲜膜，等稍微冷却一点之后放入冰箱冷藏6个小时以上。

汤种不能久放，建议在做完后两天之内使用。

【混合百吉圈的面团】

3. 将 B 中原料倒入碗里，用打蛋器搅匀。倒入酵母粉，进一步混合。加入水后用手搅拌。大致混合之后放到台面上，从冰箱里拿出汤种，一点一点加入面团中。

【揉面】

4. 从自己面前向前擦着台面推开面团，让汤种和面团混合均匀。向内折叠面团后利用自己的体重按压，不断改变方向重复这一动作。

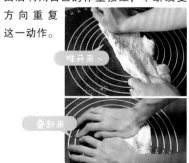

【分割 & 中间醒发】

5. 等面团逐渐变得光滑，稍微还残留有一些颗粒感的时候，用切面刀分成4份。将面团滚圆，捏紧收口，盖上湿毛巾后静置10分钟。

【整形 & 第二次发酵】

6. 将面团收口朝上放到台面上，用擀面杖将面团擀成10×15cm 的横长方形。从自己面前将面卷成细长的棒状，卷得紧一些，捏紧收口。

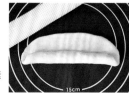

不留空气，紧紧地卷起来。

7. 用擀面杖将右边的2cm 压平，包裹在另一端上。固定好连接的地方，将面团做成环形，放在准备好的油纸上。盖上湿毛巾，放在温暖的地方等待面团发酵到1.5倍大小。

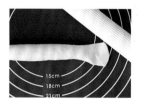

在面团的下面垫上油纸就能避免接触面团，直接放入锅中水煮。

【水煮】

8. 将 C 中原料倒入锅中，开大火，沸腾之后改为小火。小心地将面团滑入锅中，每一面煮1分30秒。煮完后用漏勺捞出沥干水分。

【烤制】

9. 将面团放在铺了油纸或油布的烤盘上，尽快放入预热到210℃的烤箱中烤20分钟。取出后放在晾架上冷却。

煮完之后如果放的时间太长，表面会变得皱巴巴的，因此要尽快放进烤箱!

加入了
健康的
菠菜粉

芝士绵绵
菠菜百吉圈

学会了基本的百吉圈后就可以改变口味或馅料
做各种不同种类的百吉圈了。
这里要介绍的是一款加入了菠菜和奶酪的
主食面包风格的百吉圈。粉末类材料只要
混进面团里就能产生鲜艳的色泽，非常方便呢！

原料（可做4个）

A ┌ 国外进口高筋面粉……193g
  │ 白砂糖……12g
  │ 菠菜粉……7g
  │ 盐……3g
  └ 麦芽粉（有的话）……2g

速效干酵母……1/2茶匙（1.5g）

水（参见P14的准备工作）……103g
  （使用国产高筋面粉则调整用量为100g）

再制奶酪（切成1cm见方）……40g

B ┌ 水……1000g
  └ 蜂蜜（用白砂糖或者糖蜜也可以）……1汤匙

准备工作

准备4张10~15cm见方的油纸。

搭配色拉和汤就是一份完美的
一人午餐。

制作方法

水煮和烘焙之间的时间间隔不能太长。

[混合]

1. 将 A 中原料倒入碗里，用打蛋器搅匀。倒入酵母粉，进一步混合。加入水后用手搅拌。揉成团后放到台面上。

[揉面]

2. 从自己面前向前擦着台面推开面团。等感觉不到面粉之后将面团向内折叠，利用自己的体重按压，不断改变方向重复这一动作。

[分割 & 中间醒发]

3. 等面团逐渐变得光滑，稍微还残留有一些颗粒感的时候，用切面刀分成4份。将面团滚圆，捏紧收口，盖上湿毛巾后静置10分钟。

[整形 & 第二次发酵]

4. 将面团收口朝上放到台面上，用擀面杖将面团擀成10×15cm 的横长方形。从自己面前将面卷成细长的棒状，卷得紧一些，捏紧收口。

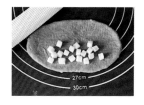

5 用擀面杖将右边的2cm 压平，包裹在另一端上。固定好连接的地方，将面团做成环形，放在准备好的油纸上。盖上湿毛巾，放在温暖的地方等待面团发酵到1.5倍大小。

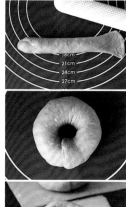

在面团的下面垫上油纸就能避免接触面团，直接放入锅中水煮。

[水煮]

6. 将 B 中原料倒入锅中，开大火，沸腾之后改为小火。小心地将面团滑入锅中，每一面煮1分30秒。煮完后用漏勺捞出沥干水分。

[烤制]

7. 将面团放在铺了油纸或油布的烤盘上，尽快放入预热到210℃的烤箱中烤20分钟。取出后放在晾架上冷却。

煮完之后如果放的时间太长，表面会变得皱巴巴的，因此要尽快放进烤箱！

适合成年人的
微苦口味

焦糖咖啡
百吉圈

微苦的咖啡味面团包裹着甜蜜的焦糖巧克力豆，
是大人们最爱的一款百吉圈。
甜而不腻，一不留神就伸手去拿，
充满了危险的诱惑力！

最爱咖啡的我必须
推荐咖啡百吉圈和
冰咖啡的双重咖啡
组合。

原料（可做3个）

A┌ 国外进口高筋面粉……150g
│ 白砂糖……9g
│ 速溶咖啡粉……5g
│ 盐……2g
└ 麦芽粉（有的话）……2g
速效干酵母……1/3茶匙（1g）
水（参见P14的准备工作）……79g
　（使用国产高筋面粉则调整用量为76g）
焦糖巧克力豆……30g
B┌ 水……1000g
│ 蜂蜜（用白砂糖或者糖蜜也可以）
└ ……1汤匙

准备工作

准备3张10~15cm见方的油纸。

制作方法

撒上焦糖巧克力豆之后要紧紧卷起来。

[混合]

1.将A中原料倒入碗里，用打蛋器搅匀。倒入酵母粉，进一步混合。加入水后用手搅拌。聚拢成团后放在台面上。

[揉面]

2.从自己面前向前擦着台面推开面团。等感觉不到面粉之后将面团向内折叠，利用自己的体重按压，不断改变方向重复这一动作。

[分割 & 中间醒发]

3.等面团逐渐变得光滑，稍微还残留有一些颗粒感的时候，用切面刀分成3份。将面团滚圆，捏紧收口，盖上湿毛巾后静置10分钟。

[整形 & 第二次发酵]

4.将面团收口朝上放到台面上，用擀面杖将面团擀成10×15cm的横长方形。在靠近自己的一边撒上焦糖巧克力豆，然后从自己面前开始将面卷成细长的棒状，卷得紧一些，捏紧收口。

5.用擀面杖将右边的2cm压平，包裹在另一端上。固定好连接的地方，将面团做成环形，放在准备好的油纸上。盖上湿毛巾，放在温暖的地方等待面团发酵到1.5倍大小。

在面团的下面垫上油纸就能避免接触面团，直接放入锅中水煮。

[水煮]

6.将B中原料倒入锅中，开大火，沸腾之后改为小火。小心地将面团滑入锅中，每一面煮1分30秒。煮完后用漏勺捞出沥干水分。

[烤制]

7.将面团放在铺了油纸或油布的烤盘上，尽快放入预热到210℃的烤箱中烤20分钟。取出后放在晾架上冷却。

煮完之后如果放的时间太长，表面会变得皱巴巴，因此要尽快放进烤箱！

解答面包制作的各种问题

做面包的次数越多，产生的疑问也越多。

我在这里整理了一些制作面包时的常见问题，如果有不明白的地方可以参考这一部分。

即使失败了一次两次也请不要放弃。持续的探究精神正是进步的捷径！

做面团

找不齐原料的话能改配方吗？

面包的配方是很严密的。即使是相同重量的水和牛奶，其中的含水量也不同，粉末类原料的吸水量也有所不同，这些都会极大地影响面团的状态。在熟悉面包制作能够自己判断并进行细微调整之前，还请按照配方找齐原料。

面团黏糊糊的无法聚拢成团

首先还请再看一遍揉面的方法。如果揉不出面筋的话，面团会一直都黏糊糊的。面粉的类型以及气温湿度都会影响面粉的吸水量，因此不要一下子就把液体都倒进去。应该预留5g左右作为调整，根据面团的情况决定要不要加进去，这样更容易成功。

总是做不好检查面筋的步骤

不要用蛮力把面团拉开，而是将双手放在面团的背面以相互摩擦的手法慢慢展开面团。这样就能形成像气球一样的薄膜。如果这样做了面团还是断断续续地断开，就说明揉面还未到位，还要再继续多揉一会儿。

发酵

夏天做面包一不留神就发酵过头……有没有什么好办法？

夏天的高温虽然对发酵有帮助，但是也容易出现过重的酵母味。尤其是盛夏时节，面团发酵迅速，这时可以将面粉等原料提前放入冰箱冷藏。同时因为自来水也会偏温，可以在制作时使用冷藏过的凉水。

冬天的时候面团一直不发酵。有什么办法让发酵快一些吗？

有3个办法。1 使用微波炉的发酵功能。2 将面团和碗一起放进塑料泡沫箱里，并在四周放上盛了热水的杯子。3 用毯子包裹。另外盖上湿毛巾防止干燥也很重要。暖炉、地暖或是电热毯的热源都集中在一个地方，因此不推荐使用。

面团总有一股酒味……是发酵过度了吗？

如果面团已经发酵过度到有酒味的地步，可以做成不需要膨胀的披萨饼。使用气味浓郁的洋葱、香料和酱料可以遮盖住面饼的气味。如果是甜味的面团可以做成炸面团，蘸上黄豆面、黑糖或是肉桂粉食用。

整形

擀不出规整的方形或者圆形怎么办？

如果硬要一次做到位往往不容易成功。从中间向上下左右四周滚动擀面杖，稍微擀开一点然后休息一会儿，这样不会损伤面团。如果擀开之后又缩回去，可能是发酵不足或者醒发不足。

划不出整洁的割纹怎么办？

发酵过度的面团容易扁塌，划不出割纹，因此初学者应该提早停止发酵，这样更容易划好割纹。另外如果面团的表面太湿也不容易操作，让表面稍微干燥一点再划比较好。划割纹最重要的还是熟能生巧！多尝试几次就能掌握窍门了！

搓成长条的时候一直做不到粗细均匀

如果用力不均匀就会造成粗细不等。刚开始还不习惯可能会比较难，用力时尽量均匀。如果硬是把面团搓长会损伤组织，搓一点休息一下比较好。让面团有休息的时间，之后膨胀起来也会更好。

烤制

做不到像照片中那样膨胀得那么饱满

关键还是整形。要尽量让面团的表面圆润饱满。另外收口是不是捏紧了呢？有时候收口没有捏好，烤的时候开口并造成气体外泄，面包就变得扁塌了。也有可能是发酵过度造成酵母的活性不足，无法膨胀。

法式面包烤不出硬硬的感觉，割纹也没有张开

不是揉面不足就是揉过头了。相应地多揉一些或是少揉一些。准确判断发酵的程度也很重要。如果是对制作硬面包有一定经验的读者可以使用P11页介绍的铜制烤盘，能更好地保持高温。

什么时候预热烤箱比较好？

预热的时机要根据自己的烤箱调整。有的机器一开始预热就能立刻达到高温，有的则需要花一段时间。需要自己把握烤箱的功率和习性，根据发酵结束的时间进行倒推。预热之后如果打开烤箱门会使温度降低，因此要保持闭合。

其他

有没有哪个季节不适合做面包？

虽然没有哪个季节不能烤面包，但是温度和湿度都会对面包造成影响。夏天的高温会加速发酵，冬天则会减缓发酵。梅雨季节的面团容易变得黏答答的，冬天则容易干燥。应该根据季节特征做出相应的调整。

老是切不好面包。有没有什么切面包的窍门？

有没有等面包稍微冷却一点？如果在面包内部还是热的、饱含蒸汽的时候切就会特别难切，同时会压扁面包，弄乱截面的组织。切面包的时候不要直接向下切，而是要慢慢地前后移动刀刃。使用普通的面包刀就可以了。

吃不完的面包要怎么保存？

当天出炉没有吃完的面包推荐进行冷冻保存。等面包大致冷却之后切成自己喜欢的尺寸，分别用保鲜膜包好后放进密封的保鲜袋里。如果直接放在室温环境里能保存3天（佐餐面包请当日内食用）。如果放进冰箱冷藏室会使面包干燥变硬，容易掉渣。

出版后记

　　喜欢面包的你，有没有想过自己在家制作造型多样、味道可口的面包呢？与直接从面包店购买相比，自己制作面包多了很多选择，更加自由，而且能够享受动手制作过程中的独特乐趣。不用担心没有经验，容易失败。走进面包教室，日本知名美食博主爱烘焙的伦酱手把手教你从零开始做面包！

　　在这本书中，作者为我们精心挑选了风格不同、造型各异的38款美味面包。百搭的佐餐面包、奶香四溢的牛奶哈斯、各种人气奶油卷、香甜软糯的甜面包、各种形状的吐司面包、挑战难度的硬面包、口感筋道的百吉圈……每一种都配有手揉和面包机两种制作方法，给你更多选择。不但有经典的佐餐包和吐司，更有造型可爱、适合不同季节食用的独创款式，你一定能找到喜欢的一款。

　　每款食谱都有详尽的图文说明，步骤清晰、一目了然。关键步骤还有温馨提示，提醒你需要注意的要点。书中还附有多种面包酱的制作方法，帮你轻松为面包找到好伴侣，一种面包也可以吃出不同的味道。

　　不但如此，烘焙新手们还能在书中找到制作面包所需的工具和常用原料，了解到面包制作的基本步骤。从最基础的小圆包开始，到需要熟练技巧的硬式面包，你可以根据自己的烘焙水平选择喜欢的面包制作。

烘焙面包的过程，能够让人体会到满满的幸福感，与家人和朋友一起分享自己亲手制作的面包，更是甜蜜满分。上课铃声已经响啦，快快走进面包教室，和伦酱一起感受烘焙的独特魅力吧！

服务热线：133-6631-2326 188-1142-1266
读者信箱：reader@hinabook.com

后浪出版咨询（北京）有限责任公司
2017年11月

ITARUNRUN NO OUCHI DE KANTAN! YAKITATE PAN by Itarunrun

Copyright © Itarunrun, 2014

All rights reserved.

Original Japanese edition published by SHUFU TO SEIKASTU SHA CO.,LTD.

Simplified Chinese translation copyright © 201* by Ginkgo (Beijing) book Co.,Ltd.
This simplified Chinese edition published by arrangement with SHUFU TO SEIKASTU SHA
CO.,LTD., Tokyo, through HonnoKizuna, Inc., Tokyo, and Bardon Chinese Media Agency

本书中文简体版由银杏树下（北京）图书有限责任公司版权引进。

版权登记号　图字　01-2017-6466

图书在版编目（CIP）数据

面包教室开课了 /（日）爱烘焙的伦酱著；Kirara 译 . -- 北京：中国华侨出版社，2017.12

ISBN 978-7-5113-7083-9

Ⅰ.①面… Ⅱ.①爱… ②K… Ⅲ.①面包 - 制作 Ⅳ.① TS213.2

中国版本图书馆 CIP 数据核字 (2017) 第 256287 号

面包教室开课了

著　者：（日）爱烘焙的伦酱	译　者：Kirara
出 版 人：刘凤珍	责任编辑：待　宵
筹划出版：银杏树下	出版统筹：吴兴元
营销推广：ONEBOOK	装帧制造：墨白空间 · 韩凝

经　销：新华书店

开　本：889mm×1194mm　　1/20　　印张：5　　字数：103 千字

印　刷：北京盛通印刷股份有限公司

版　次：2017 年 12 月第 1 版　　2017 年 12 月第 1 次印刷

书　号：ISBN 978-7-5113-7083-9

定　价：45.00 元

中国华侨出版社　北京市朝阳区静安里26号通成达大厦3层　邮编：100028

法律顾问：陈鹰律师事务所

发 行 部：(010) 64013086　　传真：(010) 64018116

网　　址：www.oveaschin.com　　E-mail：oveaschin@sina.com

《面包制作的科学》

作　　　者：［日］吉野精一
译　　　者：肖潇
出版时间：2016 年 4 月
书　　　号：978-7-5502-6839-5
定　　　价：32.00 元

无论你是初学者还是烘焙高手，只要你喜欢做面包，这就是一本必备的参考书。

面包的表皮是如何做出来的？
面包的颜色是如何烧制出来的？
面包为什么会膨胀起来呢？
面包的香味是从哪里来的？
表皮脆脆的，瓤心却湿湿软软的，这是为什么呢？
……
解答你关于面包和面包制作全过程的各种疑问！

内容简介

　　面包实在是一种不可思议的神奇食品，只要将面粉、酵母盐、水四种材料混合就可以制作出各式各样的面包。本书没有复杂的化学方程式，没有生涩的专业用语，用不一样的科学方式解答关于面包和面包制作全过程的各种问题。无论你是初学者还是烘焙高手，只要喜欢做面包，这就是一本必备的参考书。

作者简介

　　吉野精一，辻调集团面包制作专职教授，长年专注于从科学和技术两个方面对近代面包制作进行研究，在学术界和产业界都享有较高声誉。此外，还精通以谷物为核心的饮食文化和历史，是日本为数不多的、活跃在第一线的专家。